VOYAGE

HISTORIQUE ET POLITIQUE

AU MONTENEGRO.

Imprimerie de Et. Imbert, rue de la Vieille-Monnaie, n°. 12.

VOYAGE
HISTORIQUE ET POLITIQUE
AU MONTENEGRO,

CONTENANT l'Origine des Monténégrins, peuple autocthone ou aborigène, et très peu connu; la Description topographique, pittoresque et statistique du pays; les Mœurs de cette nation, ses Usages, Coutumes, Préjugés; son Gouvernement, sa Législation, ses Relations politiques, sa Religion, les Cérémonies curieuses et bizarres de son culte; l'Exposé de divers traits de courage, de générosité, ainsi que de férocité, communs dans ce peuple.

Orné d'une Carte détaillée, dessinée sur les lieux, et de douze Gravures coloriées, représentant les costumes de ce pays, deux de leurs fêtes, quelques plantes, etc.

PAR M. LE COLONEL L. C. VIALLA DE SOMMIÈRES,

Commandant de Castel-Nuovo, Gouverneur de la province de Cattaro, chef de l'état-major de la deuxième division de l'armée d'Illyrie, à Raguse, depuis l'année 1807 jusqu'en 1813.

TOME SECOND.

PARIS,

ALEXIS EYMERY, Libraire, rue Mazarine, n°. 30.

1820.

VOYAGE HISTORIQUE ET POLITIQUE AU MONTENEGRO.

CHAPITRE PREMIER.

De la politique du Wladika.

Un matin d'assez bonne heure, le Wladika vint me trouver dans ma chambre avec un peu plus d'empressement qu'à l'ordinaire ; il me demanda la permission d'y faire apporter le café et des pipes : Aujourd'hui, dit-il, je suis entièrement libre, nous causerons ici tranquillement. J'acceptai avec beaucoup de joie, et je lui dis que je regardais sa proposition comme une faveur précieuse.

Le café servi, les domestiques congédiés, il m'adressa ainsi la parole : Sais-tu, me demanda-t-il tout bas, une nouvelle? — Laquelle, monseigneur? — Eh bien, les Français projettent une invasion en Russie ; j'en suis fâché, commandant, parce que je vous porte la plus sincère affection ; mais tous nos voeux nous entraînent vers cette puissance, et je pressens que vos entreprises vous seront funestes. — Comment se pourrait-il, lui dis-je, que nous ignorassions à Cattaro ce que l'on saurait à Montenegro ? La flotte russe n'a reçu aucun ordre, le gouverneur et moi sommes dans la plus parfaite harmonie; aucun acte ostensible n'a l'apparence de la moindre mésintelligence. — Je le sais par une voie qui m'est personnelle, me répondit-il. — Alors, je n'ai plus rien à dire. Je dois donc hâter mon retour dans mon commandement. — Oh! dit-il, on n'en est pas encore là ; tu peux être parfaitement tranquille; il ne s'agit que de projets; et des projets de cette nature ne s'exécutent pas en un jour.

Veux-tu que je te parle, ici, avec franchise? continua-t-il. Vous autres, Français, n'entendez rien en politique. — Un moment, monseigneur, lui dis-je de suite; à mon avis, la politique bien loyale est le lien des nations; elle assigne les relations et fixe l'harmonie entre elles. — Oui, reprit le Wladika, cela devrait être ainsi; mais que voyons-nous en ce monde, surtout en ces derniers temps, et dans plus d'une cour? La politique, à en juger sainement et sans prévention, ne peut se considérer, par les âmes honnêtes, que comme l'art captieux de divertir l'attention d'un prince, pour prendre mieux à temps l'investiture de ses meilleures provinces; ou comme le secret de projets spécieux d'alliance, pour ralentir ses opérations militaires; ou comme une confidence mystérieuse de plans mensongers, d'entreprises communes de commerce, pour ruiner toutes ses spéculations. Elle est, en un mot, l'école du sophisme et la science des ruses réduites en système. — Je sais tout cela, monseigneur; depuis trop long-temps je le sais! Des expériences trop répétées; des malheurs succédés à des malheurs, sans intermède, sans relâche ; la ruine des nations ; le renversement de tant d'empires ; le bouleversement du monde, sont autant d'affreux résultats qui se pressent et se cumulent pour garantir vos douloureuses assertions.

Ah ! s'il existait des cœurs droits parmi les ministres des empires ! Si les rois et les potentats entendaient mieux leurs véritables intérêts et leurs devoirs!..... Mais puisque l'harmonie est si difficile entre ceux qui se partagent les plus importantes parties du globe ; puisque, dans le même temps on les voit, tour à tour, condamner les spoliations et se montrer spoliateurs, quel espoir de bien pour l'humanité peut-on attendre d'un tel ordre de choses ?....

Eh ! si les peuples à qui les rois doivent l'exemple, marchaient sur les traces du peuple français, que serait-ce de tels États ? — *Il en résulterait infailliblement l'exemple que nous-mêmes avons donné ;* il s'ensuivrait.... ce dont notre nation a été tour à tour la cause innocente, l'objet passif, l'agent fasciné, le témoin trop ardent, et la déplorable victime. — Un tel tableau est affreux ! Quel peuple ! — Les rois ne sont-ils pas appelés à prévenir de tels désastres, par la droiture de leurs relations et la sagesse de leurs gouvernemens ? De quel œil ceux d'entre eux, assez équitables pour abhorrer de semblables attentats, voient-ils leurs pairs s'en rendre honteusement coupables ? Ah ! commandant, tout cela nous prouve combien est difficile l'art de régir les Etats. — Oui, monseigneur, repris-je, je conçois qu'avec les meilleures intentions on est entraîné par le torrent des événemens, et que ce sont les plus justes qui succombent, parce qu'étrangers à la fraude, ils ne sauraient la pressentir. — Heureusement déjà dans ce vaste et tortueux labyrinthe, il n'est bientôt plus besoin du fil ni du secret d'Ariane. Hélas ! les talens funestes de la plupart de nos diplomates, leurs moyens, leurs efforts, leurs astuces réciproques, ne font plus de la politique qu'une science vaine, peut-être ridicule, peut-être pis encore...... Et tandis que certains négociateurs croient les chances des empires soumises à leur prétendue sagesse, les décisions qui résultent de leurs calculs sont bien plus subordonnées aux lieux, aux temps, aux caprices des hommes, et surtout au hasard qui les maîtrise souverainement.

L'évêque, en me serrant la main fortement, me dit : On n'aurait jamais fini sur cette matière. Quant à nous, Monténégrins, qui, pour dire vrai, sommes un point perdu dans l'espace, nous politiquons à la manière des familles qui arrangent entre elles de légères discussions.

Après deux heures de conversation, il prit son livre de prières et se rètira. D'autres entretiens, suivis avec le même intérêt, me fournirent une infinité de renseignemens dont voici les résultats les plus exacts :

Quoi qu'en dise le *Wladika*, c'est par suite de son ambition personnelle que son pays, qui se croit plus important qu'il n'est en effet, a toujours eu la prétention de traiter à l'instar des autres peuples. Cet évêque a sa politique, ses agens, ses envoyés ; avec cette différence, que les agens des cours, environnés de faste, pour mieux aider au prestige, grands d'orgueil, munis de sommes et de crédits énormes, se portent quelquefois aux extrémités du globe, pour un misérable coin de terre qui, souvent, n'est que le séjour de l'esclavage; et qui ne peut, par conséquent, importer beaucoup au bonheur de la métropole; tandis que les envoyés monténégrins, avec un morceau de pain cuit sous la cendre, sans luxe, sans valets, sans dépense superflue, véritablement grands par leur simplicité, entreprennent toutes leurs ambassades avec la gravité des Spartiates, et vont pour traiter de biens plus réels, tels que leurs propriétés, leur territoire, et leur indépendance. Ils le font avec une dignité, une noblesse, qui n'étonnent que ceux qui ont perdu le souvenir des temps héroïques.

Le Wladika encourage et entretient ces principes. Chef d'un peuple moins écarté de la nature, plus déterminé encore par l'amour de son troupeau que par ses propres intérêts, doué d'une excellente logique, et commandant à des hommes aussi fiers qu'intrépides, il peut hasarder toutes les prétentions.

Sa conduite est mesurée, artificieuse même, envers ceux qu'il ne peut compter pour ses amis ; mais une fois les points convenus, il traite avec honneur et franchise. Toute opinion contraire à son égard, serait une déloyauté, ou un manque absolu de discernement.

Du reste, tous les détails où nous pourrions entrer sur les vues particulières qui ont dirigé les évêques monténégrins dans leurs affections politiques, ou sur les événemens qui les ont décidés, seraient ici un hors-d'œuvre.

Attachés par leur religion au rite grec, il était naturel qu'ils se tournassent de préférence vers le souverain qui pouvait le mieux les protéger, à raison de la même croyance, et dont ils n'avaient rien à redouter, vu l'éloignement de sa cour. (Pétersbourg.)

Les premiers besoins des peuples sont, sans contredit, l'agriculture et le commerce ; les premiers soins sont l'intelligence et la bonne harmonie entre les voisins, et les rapports avec d'autres peuples plus lointains qui peuvent aider à nous rendre estimables dans l'opinion des premiers, et à nous en faire respecter. Ces avantages sont nécessairement légitimes, puisque leurs causes et leur objet se lient aux vertus sociales. En effet, rien de plus saint que les conventions qui en déterminent les clauses; rien de plus sage que les relations qui en assurent et en propagent l'exacte observance.

Le législateur, le prince, l'homme d'Etat ne doivent, ne peuvent rien négliger de tout ce qui ajoute à leur caractère, pour atteindre à cet honorable but, à des résultats aussi véritablement patriotiques, et à des conséquences aussi consolantes.

Chacun, dans cette espèce, doit agir relativement à son emploi, au rang qu'il occupe parmi les puissances, et à la situation actuelle de son pays.

Je vais, mon cher commandant, vous développer encore mieux tout cela, reprit l'évêque, en vous mettant au courant de nos relations avec l'Albanie, où la méfiance héréditaire contre nous a causé souvent des mésintelligences, que je mets toute mon attention à prévenir.

La province d'Albanie se divise en partie montueuse et partie maritime.

Le rite grec et le rite latin distinguent la croyance de la population.

Les catholiques ont une fidélité constante envers leurs souverains; ils l'ont prouvé à l'égard de tous les gouvernemens qui s'y sont succédés, parce que la religion et l'intérêt se prêtent un mutuel appui pour la rendre durable.

Les habitans grecs maritimes, sans se montrer ouvertement rebelles, ont toutefois une fidélité moins ferme, parce que leur rite ne les rend pas insensibles à la puissance de l'empereur de Russie qui le professe; mais le commerce et la marine, auxquels ils sont adonnés, leur imposent un frein.

Ceux qui suivent la religion grecque, et qui habitent les pays montagneux, ont une fidélité chancelante, par la raison qu'elle n'a aucun contre-poids qui la maintienne dans la route du devoir, n'ayant ni commerce, ni intérêt à ménager.

De là, le rite agit sur eux avec tout l'empire de l'enthousiasme et l'audace de la sécurité; de sorte que chaque apparence du moindre changement politique peut altérer leurs dispositions.

Maintenant il est facile de reconnaître la cause de cette diversité de caractère, puisqu'on sait que la religion qu'ils professent participe encore, parmi la multitude surtout, aux préjugés et aux erreurs des siècles de l'ignorance.

Attachés superstitieusement à leur croyance, ils excluent de toute perfection, et méprisent souverainement tout ce qui diffère de leur doctrine, tout en observant extérieurement les principes du tolérantisme.

Je compris à merveille les conclusions secrètes de cet exposé naïf du Wladika, et j'en fis mon profit. Je poursuis ma narration.

L'évêque de Montenegro, en qualité de

chef de l'église, alimente constamment parmi le peuple, le penchant qui l'entraîne chaque jour, de plus en plus, vers l'empereur de Russie, objet de tous ses vœux.

C'est aussi de ce principe qu'émanent toutes les autres causes qui, avec plus ou moins de force, agissent sur l'esprit de ce peuple; les présens continuels que les prêtres reçoivent, la rapide élévation de quelques nationaux qui avaient pris le service militaire en Russie, les honneurs et l'argent que *Paul* avait déjà prodigués au chef mitré de ces montagnards; la promesse d'une protection exagérée, et non circonscrite aux seuls Monténégrins, mais extensible à tous les sectateurs du rite grec, enivrèrent tellement leur esprit, qu'ils ne reconnurent dans aucun autre gouvernement que le russe, ni plus de vertus, ni plus de puissance, ni plus de richesses.

Il ne faut donc point séparer de tant de causes le pouvoir que cet évêque a sur les consciences. Il confère la prêtrise, confirme ou dépose les curés; consacre ou désunit les mariages à son gré. La crainte, le respect, la superstition élèvent sa dignité au-dessus de celle des souverains légitimes , tandis qu'en même temps , la crédulité des peuples s'aggrave par le charme mystique dont le prestige , en subjuguant la pensée, soutient l'empire sacerdotal , et perpétue son influence.

La république de Venise avait profondément senti cette importante vérité ; aussi jamais aucun Monténégrin n'était admis à domicile dans la province de Cattaro , pas même à y passer une seule nuit, sans un ordre bien exprimé de l'autorité supérieure et accordé sur une garantie urbaine. Les Grecs ne pouvaient édifier aucun temple sans un décret du sénat , et l'évêque n'y exerçait aucune sorte de pouvoir épiscopal qu'avec restriction de dépendance locale.

La chute de l'antique et puissante république vénitienne, en 1797, mit en grand péril la tranquillité de toute la province de Cattaro.

Pendant quelque temps, les Grecs du littoral conservèrent cette union qui semblait devoir leur préparer la voie pour devenir sujets russes; mais tandis que ce projet fut rejeté pour en adopter un autre qui les devait donner à la maison d'Autriche, les murmures et les tumultes, quoiqu'à la fin calmés par la contenance et la sagesse des commandans, menacèrent long-temps la tranquillité nationale.

L'évêque de Montenegro, usant des plus adroits artifices, prépara silencieusement toutes les voies pour amener son peuple à se jeter dans les bras des Russes. Il mit tout en œuvre pour capter les communes de *Zuppa* et de *Castel-Nuovo*, toutes les deux du rite grec, pour favoriser leur divisions.

La première fut assez prudente pour ne pas embrasser précipitamment un parti qui pouvait devenir désastreux; l'autre ne croyait pas l'influence de l'évêque assez prépondérante pour la soutenir, par lui seul, dans son commerce, qui fait son unique ressource. C'est pourquoi l'on vit, alors, se succéder si rapidement tant de projets, dont aucun, malgré des partisans bien influens, et bien connus.... n'eût pas plus de succès dans ces communes que dans Cattaro.

Jamais jusque-là l'évêque ne s'était qualifié de sujet des empereurs moscovites. Jamais il n'avait montré aucune autorité prononcée sur les Grecs du littoral; jamais il n'avait tenté ouvertement d'étendre ses confins dans l'enclavement des États vénitiens; mais à cette époque, il déclara, sans aucun ménagement, s'être donné, avec la population qu'il dirige, à l'empire de Russie.

Dès lors il s'arrogea des droits sur les églises grecques, hors de son territoire, et se prétendit *autocéphale*, ou évêque indépendant spirituellement : alors même qu'il s'inclinait encore sous la bannière du patriarche de Pech, en Hongrie.

Il envoyait des mandemens à tous les proto-papas; exigeait qu'on lui rendît compte de l'état des églises; menaçait d'excommunication ceux qui refusaient de le reconnaître, tandis que temporellement il tentait tout pour envahir les confins de la province : se prévalant avec jactance de la considération et des grands honneurs dont Alexandre Ier. le comblait, autant que des circonstances équivoques des temps, et dont sa pénétration lui faisait pressentir le dénouement.

C'est ainsi qu'il insinuait à tous que cette partie de l'Albanie devait appartenir au souverain de la Russie; il échauffait ainsi le génie de ses sectateurs; il dissipait les doutes des irrésolus, et répandait la consternation chez les bons et fidèles sujets, pour les ébranler dans leur devoir.

Plus l'événement était probable par le nombre, la présomption et la confiance de ses partisans, et plus s'était accrue l'audace de ses prétentions.

Quelques notes apocryphes de *Zuano Czernowich*, qui, comme on sait, dominait sur la Zante, lui servirent de titres pour justifier l'occupation des propriétés, et l'usurpation des droits territoriaux; le couvent même de *Maino*, qui, sous le gouvernement vénitien, avait une garnison pour tenir en respect les communes voisines toujours remuantes, devint l'objet de sa convoitise et il s'en empara.

Des hauteurs du fort de Stagnevich, qui jadis appartenait aux Vénitiens, et où cet évêque réside pendant l'hiver, il lançait l'anathème sur les peuples rebelles à ses ordres; menaçait la sûreté de la province des Bouches; fomentait les discordes des sujets entre eux et leur désobéissance contre l'autorité, en leur inspirant des craintes sur leur future destinée.

C'est à la faveur de ces continuelles manœuvres que sa prépondérance sur les siens s'accrut.

Telle était l'altération des esprits, lorsqu'au premier août 1797, on vit paraître, dans le golfe de Cattaro, la flottille russe, commandée par Rukawina. Aussitôt l'évêque monténégrin abandonna Budua, qu'il prétendit, dès ce moment, n'avoir occupé que pour prévenir les désordres et les excès auxquels pouvait se porter le peuple.

Je n'entreprendrai pas d'examiner jusqu'à quel point pouvait se justifier l'apparition subite de la flottille russe; mais ce qu'il importe de remarquer, c'est l'empressement avec lequel Rukawina prodigua au Monténégrin mitré tous les genres de distinction et les grâces.

En même temps qu'il attirait ainsi toutes les opinions sur l'importance de la dignité de cet évêque, il montrait beaucoup de considération pour les habitans de Pobori, ses fauteurs, et maltraitait le comtat de Glinbanovich, où il n'était pas aimé.

Il n'y a donc plus à douter aujourd'hui qu'un tel plan de conduite, bien manifesté, bien soutenu, n'ait puissamment déterminé des jugemens dont le résultat était de fomenter l'orgueil de ce hardi théocrate, et de le placer à la tête de tous les mouvemens. Aussi l'a-t-on vu prendre part à tous les événemens politiques qui ont occupé cette partie de l'Europe. Tous les changemens qui s'y sont succédés, avec une étrange rapidité, n'ont fait que cimenter ses sentimens pour la puissance moscovite. Son cœur et sa foi sont tout entiers pour le prince illustre, de qui seul il a obtenu quelque existence politique. Sous ce manteau protecteur, l'espoir d'ultérieurs agrandissemens, l'idée de pouvoir plus facilement par la suite, à la faveur des distances, conserver le commandement suprême, sont autant de liens qui l'attachent de plus en plus aux principes dont il est si profondément imbu.

Il doit aimer sans doute toutes les occasions de se montrer nécessaire aux Russes; il se fera toujours un mérite de toute ouverture confidentielle pour se maintenir dans leur opinion. Eh! qui peut prévoir jusqu'où peuvent s'élever les caprices de l'imagination, dans une tête ambitieuse? L'encens qui s'exhale en trop grande abondance, tôt ou tard porte atteinte aux fibres délicates du cerveau.

L'expérience des siècles a démontré cette vérité, toujours importante à rappeler aux princes, que la religion est, de tous les véhicules, le plus puissant pour diriger et captiver l'opinion des peuples. C'est ce qui a toujours dirigé le maintien du pouvoir spirituel de ce prêtre entreprenant, ou de ses successeurs, guidés par les mêmes principes.

La seule faiblesse de la république vénitienne, tendant vers sa décadence, put la déterminer à chercher, dans les montagnes limitrophes de ses domaines, un appui contre les forces ottomanes, et à tolérer ainsi l'autorité d'un évêque étranger sur sa population.

Cependant, tous ceux qui ont gouverné dans ces contrées, n'ont pas montré une telle longanimité, qu'ils ne s'opposassent aux instigations du Wladika, sans parler ici *des nôtres*. Le baron (1) de Brady, commandant pour la maison d'Autriche, dédaignant de

(1) M. le baron de Brady ne s'est pas distingué seulement par la plus noble fermeté dans son gouvernement de la province de Cattaro; mais encore par des vues d'administration antérieure pleines de sagesse, et des réglemens de police qui décèlent l'homme éclairé et le philantrope. Plusieurs commandans français ont marché sur ses traces, et, comme lui, ils en ont été récompensés par l'affection des citoyens.

feindre avec un tel adversaire, osa l'arrêter dans sa marche ambitieuse, et imposer silence à son audace; aussi cet acte fut-il déterminant.

Les différends qui s'élevèrent entre eux, motivèrent de fréquentes conférences; M. l'avocat Forlani, qui exerçait alors aux Bouches de Cattaro les premières charges administratives, fut appelé à interposer sa médiation.

Dans cette occurence, le Wladika, après de longs discours et d'amères doléances, dit à M. Forlani : « Les vexations que j'ai éprou-
» vées de la part de Brady ont ulcéré mon
» âme; elles m'ont forcé à me donner avec
» *mon peuple* à la Russie, et, dès à présent,
» je suis tout russe. Il apprendra ce que je
» peux, et ce que je sais vouloir.... » (1).

En effet, à peine trois mois s'écoulèrent, que le Wladika reçut de Saint-Pétersbourg

---

(1) Cette *menace*, ou *donation officielle*, pour me servir de l'expression du Wladika, s'effectua en octobre 1798.

l'ordre de Saint-Alexandre Neuwsky; on vit alors déployer sur le couvent de Stagnevich le pavillon russe, que l'on arbora au son des cloches et au bruit de la mousqueterie.

Ainsi la politique du Wladika, secondée de l'inquiétude des consciences, agira sans cesse sur tous les gouvernemens qui l'environneront, et dans les mêmes vues. Toujours, dans cette espèce surtout, les mêmes causes produiront les mêmes effets; et si ses combinaisons ne sont neutralisées par les grandes puissances qui seront établies dans la province de Cattaro, elles y deviendront fatales à la tranquillité publique, à leur propre existence dans ces contrées, au repos, et peut-être aussi à la réputation des gouverneurs eux-mêmes. Aussi je regarde comme un devoir d'appeler leur attention sur une tactique dont l'expérience de six ans de commandement dans ces contrées, m'a fait pressentir toutes les conséquences.

Au reste, ce sera une preuve de plus ajoutée à celles déjà acquises, que la prépondérance du Wladika, dont les siens se prévalent tant, les enhardit à toutes sortes de tentatives, et que c'est à elle essentiellement qu'il faut rapporter les attentats et les rapines exercées contre les généreux et infortunés Ragusains, et contre les peuples catholiques de la province de Cattaro.

Aussi ne faut-il jamais oublier, quand on gouverne, que la similitude de la religion, celle du langage, comme des habitudes, entraînent aux mêmes vues de politique et d'intérêts, et qu'elles ont dû lier et lient en effet les Russes et les Monténégrins.

Par leur situation topographique, et l'ascendant irrésistible du rite, les Monténégrins et les Turcs se haïssent cordialement; ils s'inquiètent, se provoquent et se méprisent au même degré, quoique les uns et les autres soient également braves.

Par les mêmes causes, les Russes et les Turcs sont ennemis nés. Ils se rivalisent et se craignent réciproquement, en s'estimant néanmoins.

Il était donc conséquent, comme on voit, que les Monténégrins limitrophes de l'Albanie turque recherchassent la protection des Russes, qui, pouvant à l'improviste atteindre leurs ennemis au nord du territoire ottoman, règlent, à leur gré, les diversions par la mer Noire, dans tout le littoral de la Turquie européenne; tandis que les forces du royaume d'Astracan, envahissant à volonté la Turquie d'Asie et par terre et par la mer Caspienne, dans une immense étendue, acquièrent tant de moyens favorables au choix des points propices à leurs desseins, pour occuper, en même temps, tous les sujets de la Porte.

La conduite du comte Orlow, dans l'expédition de la Morée, nous en découvre toutes les espérances. Ses regards paraissaient fixés sur cette contrée, lorsque son cœur tout entier était sur le littoral d'Asof. La suite des événemens prouva que l'apparition du comte dans l'Archipel, n'avait eu d'autre but que celui d'opérer une puissante diversion, en soulevant les peuples de l'Attique, et les laissant ensuite livrés seuls à la fureur des Turcs; il tenait ainsi ce gouvernement en échec, et il en affaiblissait l'armée du côté de la mer Noire.

C'est, enfin, en suivant les mêmes plans, qu'en 1805, on vit les Monténégrins s'unir étroitement aux Russes qui les protégeaient contre les Français, dont ils n'avaient rien à espérer, tandis que, leur soupçonnant des vues ultérieures qui leur faisaient craindre pour la liberté de leur culte et de leur commerce autant que pour leur indépendance, ils parurent vouloir s'en tenir isolés; mais les besoins et les intérêts mutuels devaient opérer un rapprochement. Le départ de la flottille moscovite hâta l'instant favorable.

Depuis l'accroissement monstrueux de la puissance maritime anglaise, si humiliant pour le monde, mais plus particulièrement pour les gouvernans de l'Europe, le commerce de l'Adriatique était devenu difficile, ou, pour mieux dire, entièrement interdit à toutes les côtes occupées par les Français; on y éprouvait une disette sensible.

Comme, malgré la fertilité naturelle au territoire de la Dalmatie orientale, placée sous une température favorable à la végétation, il est peu de surfaces labourables et soumises à des exploitations d'un produit majeur, la culture y fournit tout au plus pour cinq mois de subsistance à ses habitans. Les Français, en augmentant, sur tous les points, le nombre des consommateurs, sentirent la nécessité d'appeler le concours de toutes les ressources locales, et permirent celui des Monténégrins, ou plutôt se trouvèrent heureux d'avoir pu leur insinuer qu'ils seraient bien reçus aux marchés de la province de Cattaro.

Ceux-ci qui, malgré leur turbulence, ne perdent jamais de vue l'intérêt qu'ils ont d'exporter l'excédant de leurs denrées par le seul débouché de cette province, en saisirent l'occasion avec empressement.

Les femmes s'y montrèrent d'abord en petit nombre, tandis que les hommes, cachés derrière les rochers, observaient, armés, la manière dont on en usait avec elles dans les marchés.

Les bons procédés dont s'honorèrent les

Français à leur égard, l'exactitude avec laquelle chacun payait toutes les denrées, et les précautions des commandans supérieurs, pour que rien ne troublât ces dispositions, inspirèrent la plus grande confiance. Le nombre des femmes s'accrut chaque jour sensiblement; les marchés se pourvurent en abondance. Bientôt les hommes hasardèrent de s'y montrer. On leur permit, dès lors, l'entrée des places; on communiqua avec eux, et ces rapprochemens successifs ramenèrent la tranquillité dans tous les esprits.

Cet état de choses dura peu. En mars 1809, lors du départ des troupes françaises de la Dalmatie, pour une expédition lointaine, on les remplaça par des corps étrangers. Quoiqu'on connaisse bien immédiatement toutes les causes qui y ont concouru, à dieu ne plaise qu'on veuille les attribuer aux corps entiers, si respectables à tant de titres; mais encore est-il vrai qu'il faut accuser quelques soldats des désordres honteux qui ont entraîné notre rupture, qui ont suscité des inimitiés cruelles, et causé la mort de plusieurs braves officiers qui, sans avoir le plus léger reproche à se faire, ont été victimes de ces vengeances.

CHAPITRE II.

Trafic. — Dissensions. — Voies de fait. — Violences. — Accord et traité de paix.

Je n'entrerai pas dans l'examen des trafics illicites, des fraudes avilissantes qui signalèrent les premières relations de quelques uns de nos soldats italiens avec les Monténégrins; je n'entreprendrai pas non plus d'en faire l'énumération; il suffira d'en citer quelques exemples; ils prouveront que les grands effets tiennent souvent à de très petites causes, et que d'une étincelle, peuvent résulter d'effroyables embrasemens.

La prévention de quelques soldats était telle contre les Monténégrins, qu'ils les croyaient indignes d'aucun égard. La persuasion qu'ils avaient de leur profonde ignorance et de leur grossièreté, les leur faisait considérer comme des gens dont il est facile de surprendre la crédulité, et de tromper les intérêts.

Les uns allaient marchander des denrées, les recevaient après le prix convenu, tandis qu'un autre donnait à changer une pièce, à dessein; et feignant d'en compter la monnaie, en escamotait une partic dont il exigeait le complément, et se retirait en insultant aux dupes.

Si quelques femmes moins bornées s'en apercevaient et voulaient reprendre leurs marchandises, il n'y avait plus moyen. On les avait fait disparaître; le soldat reprenait sa pièce, et si l'on opposait quelque résistance, il osait menacer et battre.

D'autres vendaient aux hommes des cartouches remplies de sable de mer, couvert d'une ou deux lignes de poudre.

Certains mettaient en vente des mouchoirs des Indes, qu'ils offraient avec hardiesse;

une pièce de toile enveloppait des haillons, et tandis que l'on disputait du prix, ils empêchaient ou reculaient l'examen du paquet; puis, après le payement, s'enfuyaient.

Toutes ces bassesses étaient rapportées à l'évêque, dont l'orgueil national se sentait offensé, et qui, tout en recommandant la patience, prenait des mesures pour faire retomber sur tous une juste vengeance.

D'autres violences, qui ont un caractère non moins fâcheux, ajoutèrent aux ressentimens, et préparèrent une funeste catastrophe.

Vers les premiers jours de juillet 1809, un jeune Monténégrin, détenu dans les prisons de Cattaro depuis quelque temps, fut escorté au tribunal par un détachement italien : pendant que les juges instruisaient sa cause, un de ces soldats dit au prévenu qu'il serait fusillé. Le Monténégrin désespéré, s'élance par la croisée vers le toit d'une maison voisine; un soldat le saisit par l'habit, mais n'étant pas assez fort pour le retenir, le malheureux Monténégrin se précipite dans une rue étroite, se fracasse le corps, et se rompt une jambe.

Un autre événement vint bientôt mettre le comble à la haine que les Monténégrins avaient jurée à la garnison. Le 6 août, jour de marché, plusieurs d'entre eux buvaient dans un cabaret voisin de la place ; deux soldats s'y présentent ; l'un d'eux, en entrant, prend la moustache d'un montagnard en lui disant : *Dobrò jutrò, brate !* (bonjour, frère!) Le Monténégrin, peu fait à de pareilles salutations, et jaloux jusqu'à la superstition de l'honneur de sa moustache, répond par un coup de pistolet, qui porte à faux. Il disparaît avec ses compagnons. Plusieurs canonniers accourent au bruit, et jugeant, par la fuite des Monténégrins, qu'ils ont commis quelque assassinat, en atteignent un et le blessent d'un coup de sabre ; celui-ci appelle des secours ; à l'instant, il sort de toutes parts des Monténégrins armés ; la confusion est au comble, les soldats se précipitent dans la place, dont on ferme les portes.

Pendant cette scène, qui se passait hors l'une des barrières, une autre non moins tragique avait lieu du côté opposé. Le jeune Monténégrin, dont nous avons parlé plus haut, reconnu innocent par le tribunal, fut absous et mis en liberté ce même jour. On le transportait par la porte Gordizzio ; il fut rencontré par plusieurs officiers et soldats italiens qui rentraient en ville ; quelques uns d'eux se permettent de crier : A la mer ! à la mer ! Un employé aux hôpitaux (M. de Cambon) s'opposa fortement à cet acte d'inhumanité, qui était prêt à se consommer, et heureusement le Monténégrin ne fut pas noyé ; on le ramena chez lui.

Après tant d'indignités, l'apparition d'un jeune compatriote ainsi maltraité, dut agir fortement sur l'âme fière de ces hommes si justement irrités. Elle rappela tous les griefs, et provoqua des sentimens haineux.

Dès ce moment les Monténégrins désertèrent nos marchés, et firent des courses dans tout le pays, pour exciter les habitans à la révolte. Les campagnes, les chemins, les postes même les plus près des places, ne furent plus sûrs, non-seulement pour nos propres soldats, mais encore pour les habitans qui avaient paru dévoués aux Français. Ils interceptèrent toutes nos communications, coupèrent les chemins que nous faisions pratiquer sur diverses directions, et osèrent attaquer nos postes avancés.

On les apercevait réunis en foule sur la cime de leurs montagnes, surtout celles qui dominent Cattaro ; suivre de là tous nos mouvemens journaliers, et toujours prêts à fondre sur nous.

Les officiers italiens allaient ordinairement dîner dans un casin à une portée de fusil de la place, sur le bord de la mer, et sous le mont Vermoz; ils s'y rendaient tous les soirs vers cinq heures.

Les Monténégrins hasardèrent de les y surprendre, pour les massacrer, le 12 août. Neuf d'entre eux seulement eurent l'audace de descendre sous le canon de la place, tandis que d'autres observaient des hauteurs ce qui allait se passer dans la plaine.

Ce petit nombre se partage, investit les deux portes d'entrée, dont l'une communique au jardin et l'autre à la grande route. Chacun prend si bien ses mesures, que les deux détachemens arrivent en même temps, et font, avec la précipitation de la foudre, une décharge qui porte, à la fois, l'épouvante et la mort parmi les officiers à table.

Cinq de ces derniers et un chirurgien tombèrent morts sur la place, d'autres furent blessés; l'effroi dissipa le reste, sans savoir quel parti prendre.

Aucun d'eux n'était armé, et vraisemblablement nul n'eût échappé, sans le prompt secours des habitans de Scagliari, qui toujours ont donné des preuves d'un attachement honorable à tout ce qui appartenait au gouvernement français.

En un instant toute la contrée est en alarmes; on bat la générale dans tous les postes militaires; les bataillons sont déjà hors de la place; le canon tire sur Vermoz, mais ne produit d'autre effet que la répétition de mille échos environnans. Les assassins avaient disparu comme l'éclair. Cet attentat dut rester impuni.

Dans cet état de choses, le gouvernement de l'Albanie fut confié à M. le maréchal-de-camp Bertrand, baron de Sivray, ancien colonel du huitième régiment de ligne, qu'il honora par son courage, sa sagesse et la loyauté de son administration, autant que ce régiment lui-même fit honneur à son chef, par mille traits de bravoure, d'intrépidité et de dévouement à la patrie, consignés, dès long-temps, dans nos fastes.

Nous trouvâmes en lui un de ces hommes véritablement dignes de leur emploi; instruit par les commandans particuliers, de tout ce qui se passait, toujours prompt à saisir lui-même toutes les circonstances et la nature des causes qui les avaient produites, il ne put rester long-temps incertain sur les mesures à prendre; il profita habilement des dispositions réciproques pour opérer un rapprochement. Des ouvertures indirectes eurent lieu; elles présagèrent la possibilité d'un accord. Bientôt, en effet, une conférence entre le

Wladika et le baron de Sivray fut indiquée au couvent de Lastwa.

Le Wladika s'y fit accompagner par ses neveux, par le gouverneur et ses frères, et les primats de toute la nation, dans le plus brillant costume. Il était précédé et suivi d'une garde de soixante hommes d'armes les plus déterminés.

M. de Sivray, de son côté, avait auprès de lui M. le marquis de Paulucci, délégué de Cattaro; le comte de Bubich, colonel des Pandours; le comte de Grégorina, chef de légion de la garde nationale; il m'avait fait l'honneur aussi de m'admettre. Son escorte était une compagnie de grenadiers du soixantième régiment de ligne, commandée par M. le capitaine Laugier.

Nous arrivâmes au couvent de Lastwa dans l'après-midi; le Wladika nous y avait précédé. Il s'attendait à voir le général escorté seulement de son état-major, mais non d'aucun corps armé; dès qu'il entendit la caisse, il se retira derrière les jardins de l'abbaye.

Je reçus l'ordre d'établir la compagnie

dans les premières cours, et fis placer des sentinelles aux principales avenues, ainsi qu'à la porte de la salle de conférence. Ces dispositions, toutes de *simple règle*, inquiétèrent les Monténégrins, qui, pendant long-temps, croyant à quelque surprise, s'agitèrent beaucoup, et ne cessèrent de se parler à l'oreille.

Nous nous établîmes dans la salle, ignorant la retraite de l'évêque que nous attendîmes long-temps en vain... Impatient, le général me dit affectueusement : Colonel, vous qui parlez un peu la langue illyrienne, sachez de ces gens pourquoi l'évêque tarde si long-temps à se montrer, et dites-leur qu'on n'attend que lui.

J'appris de quelques chefs, et je communiquai au général, le lieu et les motifs de la retraite de l'évêque, et je reçus aussitôt l'ordre de l'aller chercher. Le délégué de Cattaro se joignit à moi.

Nous trouvâmes l'évêque assis sur un monceau de pierres, derrière le mur le plus éloigné de l'enceinte du couvent; nous le vîmes inquiet et rêveur, occupé à remuer machinalement avec sa canne épiscopale, les petites pierres qui se trouvaient à sa portée.

La manière respectueuse avec laquelle nous l'abordâmes, et les procédés dont nous usâmes en lui présentant la main pour l'aider à se lever, le déterminèrent à nous suivre.

Pendant ce court trajet, il me dit en particulier : Puis-je compter sur ton général? — Sans doute. — Pourquoi donc ces troupes? — C'est pour honorer votre grandeur.

Nous arrivons à la porte de la première cour, les sentinelles présentent les armes; ce mouvement inattendu, le bruit qu'il produit, et l'empressement de nos soldats à s'approcher pour le bien observer, saisissent le Wladika; il recule troublé.... Que veut-on? s'écria-t-il. — Votre grandeur, lui dis-je, peut se montrer sans crainte. — Armé à la tête des miens, répliqua-t-il, je ne crains ni le combat, ni la mort; mais je redoute la perte de la liberté! M'aurait-on attiré?... — Monseigneur, dans un état de calme, ces craintes seraient pour nous un outrage; la générosité sied aux Français. Ils sont trop forts pour recourir à la perfidie. — Cependant, ajouta-t-il, je suis environné ici... — Monseigneur, lui dis-je, notre général est étranger à tout calcul indigne de son cœur; et nous-mêmes ne pourrions-nous prêter à des actes insidieux? — Eh bien, reprit-il, je me fie donc à toi.

Après les cérémonies et les complimens d'étiquette, on prit place, mais l'on resta un moment dans un silence profond, pendant lequel tous les regards s'interrogeaient les uns les autres.

Le général prit enfin la parole, et s'exprimant avec autant de réserve que de fermeté:

« Monseigneur, dit-il, j'aime la paix, mais » je ne crains point la guerre; toujours en » mesure de faire repentir ceux qui tente» raient de surprendre ma bonne foi, par une » fausse démarche, je me trouve heureux de » n'avoir point à y recourir. Aussi je suis » toujours prêt à me prêter à tout ce qui

» peut cimenter une amitié sincère ; je sais
» même me résoudre à tous les sacrifices que
» l'honneur de mon pays peut permettre à
» ma situation. Il se tut. »

Le Wladika, d'un clin d'œil, observe tout le cercle. Il paraît profondément réfléchir ; puis levant les yeux avec assurance et s'exprimant en italien, dit : « Excellence, je ne
» puis n'être pas sincère ; les règles de mon
» état, l'intérêt de mes concitoyens, le res-
» pect de moi-même, et, par-dessus tout, la
» volonté de Dieu, m'inclinent à la paix. Tu
» vas te convaincre, par ma déférence, com-
» bien je suis pénétré de tes nobles senti-
» mens. »

On entra de suite dans des discussions assez vagues, d'abord, de la part de quelques notables monténégrins. Les unes spécieuses, d'autres enfin parlant de réparations pour le sang déjà versé ; de sorte qu'en provoquant des souvenirs irritans, on allait rendre les contestations interminables, lorsque le général se lève, et s'exprimant avec force et dignité : « Messieurs, dit-il, n'ai-je pas

» aussi à regretter la perte des miens ? Le sang » d'un Français est-il moins précieux que celui » d'un Monténégrin ? Eh bien, je le sacrifie » à la conservation des autres ! » Aussitôt il prend son chapeau, se couvre et paraît se retirer. L'évêque alors impose silence aux siens, et chacun reprend sa place. Quelques légères discussions ont encore lieu ; je les supprime pour conduire de suite le lecteur à la détermination qui fut prise, et dont il résulta un traité, dans la même séance.

Cet accord, ou traité, rétablit la bonne harmonie, et chacun se retira satisfait. On en trouvera les articles détaillés, plus bas, pages 46 et 47.

CHAPITRE III.

Interprétation ridicule donnée dans un journal maltais, relativement à mon voyage dans le Montenegro. — Dissensions nouvelles. — Vols de bestiaux. — Traité conclu avec les Monténégrins.

En partant de Cattaro, dont à cette époque le commandement m'était confié, le général m'enjoignit de faire personnellement, de mon côté, tout ce qui pourrait concourir au maintien de la bonne intelligence. L'on a vu si j'ai bien saisi toutes les occasions favorables à ce but.

Mon voyage dans le Montenegro n'y fut pas inutile; et quoique blâmé, dit-on, par quelques personnages jaloux, peut-être, et par d'autres qui en ont ignoré l'objet, les notions qu'il m'a fournies, les documens qui en sont résultés, m'ont valu l'approbation et la bienveillance des chefs (1).

C'est à l'occasion de ce voyage qu'un journal de Malte disait : « L'on sait aujourd'hui » *très positivement* que le colonel Vialla, » commandant de la place de Cattaro, s'est » rendu au Montenegro, par ordre de son

---

(1) Ce serait peut-être ici le cas de citer, comme pièces authentiques, les diverses lettres de MM. les généraux sous les ordres desquels j'ai exercé le commandement des places de Castel-Nuovo et de Cattaro; je n'en rappellerai qu'une pour justifier l'assentiment donné à mon voyage. J'en retranche ce qui peut flatter l'amour-propre. Une bonne conduite honore plus que toutes les attestations. La voici :

Raguse, 25 mars 1812.

D'après les renseignemens qui me sont parvenus, M. le commandant, nous aurons, je crois, la guerre avec les Monténégrins; ayez la bonté de me faire dresser quelques notes sur le Montenegro, les positions militaires, les endroits par où l'on pourrait y pénétrer avec des troupes et avec le moins d'obstacles. Vous me remettrez ces notes à mon passage à Castel-Nuovo, où nous causerons à ce sujet; ou bien, vous me les enverrez directement à moi seul quand je vous les demanderai; tenez-les prêtes le plutôt possible, etc., etc.

Signé le général de brigade, baron GAUTHIER.

» gouvernement ; on se doute bien dans » quelles vues. Cependant cet officier supé- » rieur, loin de s'y montrer sous les dehors » de son rang, a paru n'y aller qu'en ama- » teur occupé de botanique. Il n'avait d'au- » tre suite que les naturels du pays ; mais on » l'a vu faire de nombreuses notes, et des » croquis.

» Pour mieux dérober les vrais motifs de » son voyage, il s'est montré envers tous » d'une grande affabilité ; ce qui l'a fait beau- » coup valoir. Il a répandu beaucoup d'ar- » gent ; il distribuait aussi de la poudre dont » ce peuple est très avide ; le gouvernement » français attend beaucoup de succès de ce » voyage. »

Quand on lit de pareils articles, et qu'on a devers soi le secret des choses, on a bien de la peine à ne pas sourire.

Eh bien, de tout cet article, il n'y a de vrai que le voyage, quelques notes et des croquis pris à la dérobée, et avec assez de réserve pour n'être pas soupçonné par les Monténégrins. Je n'y étais allé en effet que pour connaître ce pays, et non pour y préparer aucune opération contraire à la loyauté de nos armes. J'avais, il est vrai, la précaution ou la petite ruse, lorsque je voulais écrire quelque observation importante, de faire des questions en l'air, sur un objet quelconque, sur le premier arbre qui se trouvait à ma portée, sur une partie de l'ajustement de l'un de mes compagnons, sur quelques plantes, etc.; et tandis qu'on me croyait occupé à en écrire les réponses, je traçais mes notes. Mais il n'a été distribué par moi, ni argent, ni poudre; j'étais à pied : comment aurais-je porté l'un et l'autre en assez grande quantité pour produire quelque effet?

D'ailleurs, si de tels moyens sont familiers aux agens déhontés qui répandent de telles insinuations, et s'ils sont conformes à la perfidie insulaire dont ils ont donné des preuves multipliées avec tant d'offronterie, ces moyens répugnent à la valeur, à la loyauté françaises; ils n'ont jamais été employés par les généraux de notre temps, et conduisant nos armées.

La gazette de Malte, écrite sous l'influence anglaise, ne se refuse à aucune allégation mensongère, qui lui est commandée et payée. Cela est si connu, qu'il serait aussi superflu qu'ennuyeux d'en fournir des preuves, qui sont depuis long-temps connues de tout le monde.

Cette courte observation sur la foi due à la feuille publique maltaise m'amène naturellement à faire connaître à mes lecteurs la teneur de l'accord qui fut conclu avec les Monténégrins, et qui mit fin aux petites dissensions qui régnaient sur nos frontières respectives, et qui empêchaient l'approvisionnement de nos marchés.

Par cet accord, dis-je, il fut réglé :

1°. Que les marchés seraient ouverts aux Monténégrins;

2°. Que l'on promît sûreté, protection, égards, pour les femmes qui les fréquenteraient ;

3°. Que le prix des denrées fût fixé ainsi que le mode de payemens ;

4°. Que l'on restituât aux Monténégrins cent soixante-six mulets et plusieurs autres bestiaux enlevés dans diverses rencontres, à la condition qu'ils rendraient les effets enlevés aux nôtres ;

5°. Que jusqu'à certaines dispositions les hommes ne pourraient se présenter dans les places ; mais dans le cas où quelqu'un d'eux, pour des motifs particuliers, en obtiendrait la permission, il n'y serait admis que sur la caution de deux habitans notables de la province, et qu'en déposant ses armes au corps-de-garde ;

6°. Que l'évêque ferait restituer aux commandans français, tous les déserteurs qui se trouveraient actuellement dans le Montenegro ; et que, sous aucun prétexte, ils n'en recevraient plus par la suite ;

7°. Qu'attendu que les dettes exigibles, tant de la part des nôtres que des Monténégrins, avaient occasionné entre eux de sanglantes discussions, les gouvernemens respectifs s'engageraient à les faire payer dans la quinzaine, sauf l'intervention des tribunaux;

8o. Que dans le cas d'injures, d'entreprises quelconques ou de délits ultérieurs, de la part des sujets d'un Etat envers des sujets de l'autre, au lieu de se faire arbitrairement justice, chacun recourrait à l'action des lois établies dans les pays respectifs;

9°. Qu'enfin l'on mettrait en oubli tous les événémens antérieurs, de quelque nature qu'ils fussent, et que l'on s'interdirait même d'en parler.

On se donna l'accolade en signe de paix, et tous les assistans y prirent part.

Notre retour à Cattaro était attendu avec anxiété. Je fus chargé d'expédier une ordonnance à M. le colonel *Mangin*, gouverneur de la province, pour lui communiquer le résultat, et l'inviter à le faire connaître aux autorités, ainsi qu'aux habitans.

Un instant après, toute la ville retentit d'acclamations; on s'y visitait en signe d'allégresse. Notre arrivée dans la place fut marquée par la joie la plus sincère, et par les démonstrations les plus expressives.

Tous les habitans, qui, depuis près d'un an, n'osaient aller respirer l'air de la campagne; toutes les autorités réunies, tout ce qu'il y avait de distingué dans la ville, les dames notamment, vinrent à notre rencontre; et des salves d'artillerie célébrèrent cette réconciliation. En général, les peuples ne demandent que paix et repos. Les forbans de cour, seuls veulent la guerre, qui les enrichit, et y forcent quelquefois, par leurs manœuvres clandestines, les hommes de bien, qu'ils en accusent ensuite.

« L'évêque de Montenegro, dit le même » journal maltais, loin d'applaudir à cette » visite, aurait fait arrêter M. le colonel » Vialla, s'il eût connu ses véritables desseins. » Aussi a-t-il été bien heureux de s'être » retiré à temps, parce que déjà les ordres » étaient donnés pour s'assurer de lui. »

Il est vrai que l'évêque me fit l'honnête reproche d'avoir visité le gouverneur avant lui; mais sur l'assurance que je lui donnai qu'à *Verba* j'avais eu la certitude de son absence de Cettigné; que, ne pouvant disposer de moi comme un simple particulier, pour ne pas revenir sur mes pas dans un voyage limité, autant que pour ne pas le soustraire à ses affaires, au moment de la pêche du scuranzza, où je savais que l'usage religieux l'appelait, j'avais jugé plus convenable de lui porter mon hommage au retour de Saint-Basile. L'évêque accueillit ces raisons comme il convenait qu'il le fît.

Aussi faut-il lui rendre justice; sa conduite, sa correspondance, ses témoignages sur mon compte, doivent me faire applaudir de la haute opinion que j'ai conçue de lui, autant qu'une infinité de procédés personnels dont je ne parle pas, pour éviter de faire ici mon éloge, et auxquels mon second voyage lui donna l'occasion de mettre le comble.

A peine étais-je rentré dans mon commandement à Cattaro, que je reçus du Wladika une lettre en langue italienne, par laquelle il me témoignait ses regrets de n'avoir pu me garder plus long-temps ; il m'engageait à un deuxième voyage, pour la belle saison, et à l'en prévenir quelques jours d'avance, pour ne pas s'absenter, et pouvoir réunir bonne compagnie ; c'est à quoi j'accédai plus tard.

D'un autre côté, long-temps après, les Monténégrins ayant à tenter une attaque contre de gros partis turcs, de la dépendance du pacha de Scutari, qui désolaient leurs frontières, me députèrent douze primats pour me demander un détachement, en me conjurant de me mettre à leur tête. « Si le » pacha, disaient-ils, savait que cinquante » Français seulement prennent part à nos in- » térêts, nous en retirerions les plus grands » avantages, car ils les craignent et les res- » pectent. »

Cette demande ne peint pas indifféremment le caractère d'indépendance de ce peuple. Il s'imagine qu'on agit parmi nous, de même qu'ils en usent entre eux, se prêtant réciproquement les hommes armés dont ils peuvent avoir besoin, sans autre formalité que de se les demander réciproquement. Ils ignorent encore quelle est la nature de nos lois, et n'ont qu'une bien faible idée des principes préservatifs des droits des nations, et des devoirs des sujets.

Je leur représentai qu'indépendamment de ce qu'une telle démarche compromettrait, d'une manière directe, mon gouvernement, je n'avais pas même la faculté de les accueillir sans la sanction du Wladika; qu'alors encore mon pouvoir se bornait-il à la transmettre chez moi à l'autorité supérieure; et que, dans aucun cas, il ne m'était libre de disposer, sans des ordres authentiques, non-seulement des forces qui m'étaient confiées, mais pas même de ma personne.

« Cependant, me dirent-ils, les commandans turcs agissent, à cet égard, à leur volonté; ce qui nous expose journellement à des attaques imprévues. » Voilà précisément, leur répliquai-je, la différence qui existe entre les états régis par des lois respectées, et ceux dont les peuples sont abandonnés à l'arbitraire de quelques chefs despotes; quant à nous, nous ne connaissons de règle que la loi elle-même ; car la loi n'étant pas, chez nous, l'acte de la volonté aveugle d'un seul, mais le vœu bien manifesté de la nation que le chef représente, il n'y a qu'à gagner dans sa stricte observance. Ainsi l'obéissance étant le premier devoir essentiel de l'état militaire, je ne puis obtempérer à votre demande. Ils parurent alors convaincus, et se retirèrent satisfaits.

L'harmonie la plus heureuse était rétablie avec les Monténégrins ; les fréquentations réciproques étaient redevenues habituelles. Cet état dura jusqu'en l'an 1812. Alors l'horizon parut s'obscurcir. Mais cette fois encore, un général, aussi sage que modeste, et bien intentionné, entreprit de ramener les esprits ; et par une conférence solennelle qui eut lieu au village de Miraz, il parvint à conserver la paix et la confiance.

C'est à M. le général baron *Gauthier* que les Français durent ces heureux résultats dont les détails intéresseront quelques lecteurs.

On vient de voir dans la relation de la conférence de Lastwa, en 1810, que M. le général baron *de Sivray* avait conclu un traité avec l'évêque du Montenegro, d'après lequel les habitans de la province de Cattaro renouvelaient avec les Monténégrins leurs anciens rapports de commerce et d'amitié. Cet acte, qui avait été frappé au coin de la sagesse, semblait ne rien laisser à désirer aux habitans des deux pays, intéressés à maintenir entre eux ces dispositions pacifiques. Mais le bonheur privé, comme la félicité publique, ne sont durables chez les nations qu'autant qu'un gouvernement éclairé sait et veut, par une administration sage, réprimer les abus et prévenir tout ce qui pourrait propager les germes de dissension !

L'évêque monténégrin, par ses talens, ses lumières et une longue expérience, capable de gouverner un pays habité par des hommes susceptibles d'une *subordination réfléchie*, prétend, selon les occurrences, ne pouvoir *exercer sur ses concitoyens qu'une autorité circonscrite dans la sphère des anciens usages, seule base de sa puissance.*

Le Wladika n'est pas en ceci tout à fait sincère. Ce cercle, si étroit, selon lui, quand cela lui convient, sait bien s'agrandir quand les calculs du prélat le demandent.

Les Monténégrins, revenus aux marchés de Budua et de Cattaro, avaient, plusieurs fois, insulté des habitans qui y répondirent par la plus grande modération, et dans les vues des proclamations publiées. Mais, attribuant à la crainte et à la lâcheté ce qui était l'effet de l'obéissance aux ordres du gouvernement français, ils redoublèrent les invectives, et finirent par se porter à des entreprises plus graves.

Cependant M. le général Gauthier, qui commandait alors la division d'Albanie, en fit ses plaintes à l'évêque. Celui-ci, pressé par les argumens du général, réunit tous les knès dans la plaine de Cettigné. Il les harangua de manière à leur faire envisager tous les inconvéniens que devaient entraîner l'inconduite de quelques individus, et les maux qui en pourraient résulter pour la nation. Il invita tous ces chefs à surveiller ceux qui pourraient être soupçonnés de troubler l'harmonie, et fit part aussitôt au général des mesures qu'il avait prises, lui renouvelant les protestations les plus conciliatrices.

Ces dispositions arrêtèrent pour quelques mois les mutins. Mais après ce terme, les vols les plus audacieux recommencèrent. Mulets, bœufs, moutons, grains, fourrages, tout ce qui appartenait au territoire de Budua, et particulièrement à la commune de Zuppa, devint la proie de ces indomptables montagnards.

Les Zuppanis, justement aigris par des attentats aussi souvent répétés, usèrent enfin de représailles, et se saisirent des premiers troupeaux que le hasard leur fit rencontrer. Il s'ensuivit des discussions vives et des voies de fait, où plusieurs, de part et d'autre, restèrent sur la place.

Le général, sur les rapports expédiés avec célérité, se porta de suite de Raguse à Cattaro; y calma les premiers transports, en permettant au peuple de se faire justice à main armée au besoin; mais il fit comprendre qu'il convenait mieux de la réclamer de l'évêque, à qui il écrivit aussitôt; en faisant, conformément aux conventions, remettre à sa disposition deux des larrons monténégrins, que le sort des armes avait laissés au pouvoir des habitans de la province.

Ce procédé, plein de déférence, et d'ailleurs basé sur les traités, fut vivement senti, non-seulement de l'évêque, mais de tous les chefs monténégrins, qui, devenus solidaires, et jugeant qu'il était indispensable de donner un témoignage authentique des sentimens pacifiques qui les animaient, manifestèrent un vœu unanime pour faire cesser toutes les plaintes.

L'évêque écrivit au général, *au nom de l'assemblée du peuple*, « qu'il lui paraissait » indispensable de renouveler la convention » conclue avec le baron *de Sivray*, par un » acte encore plus solennel, en y indiquant » la nature des peines à infliger aux délin- » quans. »

Sur ces entrefaites, S. Exc. le comte *Ber-*

trand, gouverneur-général de l'Illyrie, qui était informé de ce qui se passait, envoya en mission auprès du général *Gauthier*, un de ses aides-de-camp (M. *Cailleux*), jeune homme plein de mérite et d'une rare sagacité. Le général, de concert avec cet officier, engagea l'évêque à déterminer lui-même, le plus promptement, l'époque de la conférence, dans laquelle il se proposait d'aplanir avec lui toutes les difficultés qui s'étaient élevées.

L'évêque, accédant avec empressement à cette proposition, en fixa, dans sa réponse, le jour et le lieu. Ce fut au village de *Miraz* (juin 1812), sur les limites des deux pays.

Au jour indiqué, M. le général *Gauthier* réunit tous les chefs de corps, le délégué de la province, quelques chefs de l'administration civile, M. *Descarnaux*, vice-consul de France, M. *Cailleux*, chargé de mission, etc., et se porta à Miraz, escorté d'un piquet de cinquante hommes, de douze gendarmes, et d'une compagnie de pandours. J'y fus également appelé.

A quarante pas de Miraz est un énorme rocher détaché de la montagne; il délimite les confins; derrière ce roc est une petite chapelle grecque, où la conférence devait se tenir.

L'évêque, à l'approche du général, fit faire, en de-ça du rocher, une décharge de mousqueterie et de boîtes; il vint ensuite à sa rencontre. En mettant le pied droit sur le terrain de Cattaro, il prit la main du général, et l'invita à lui faire *l'honneur de toucher les terres du peuple monténégrin.* Ayant fait ensuite approcher le gouverneur de Montenegro, il annonça au général qu'il se procurait le plaisir de lui faire connaître le président de la réunion monténégrine; *Glavar governador od skupa Czernogorskoga.* Il lui présenta ensuite ses frères au nombre de trois, les autres étaient absens, et l'invita à faire quelques pas de plus pour se reposer dans la chapelle.

Le général, environné de tous ces personnages, tenant toujours la main du Wladika, traversa avec sa suite deux haies de Monténégrins armés, d'environ sept à huit cents hommes qui perçaient l'air de leurs cris de joie; l'escorte du général, excepté seize gendarmes commandés par un officier, resta sur nos limites en de-çà du rocher.

La chapelle était décorée de tapis et de drapeaux russes; deux grands bancs de pierre étaient couverts de même draperies; il y avait sur chacun deux grands carreaux de soie.

A peine introduits, on offrit à déjeuner, et, selon la coutume, le repas consista en grande quantité de viandes, beurre, fromage, lait et vins en abondance.

Tandis que tous les assistans étaient en train de manger, on apporta à l'évêque une boîte pleine de poissons cuits à la manière du pays; et s'excusant sur ce que ses vœux, et l'ordre auquel il était attaché, lui interdisaient de prendre part aux autres mets, il dépeça avec ses doigts, et mangea le poisson de la boîte qu'il tenait sur ses genoux, sans se servir de fourchette.

Cette boîte ressemblait, par sa forme et

sa grandeur, à nos boîtes à perruques, et était fermée à clef. Elle faisait partie obligée du bagage du Wladika quand il quittait sa résidence habituelle. Nous eûmes peine à retenir notre gravité à l'ouverture de cette boîte, à la vue de ces poissons frits, et à la manière dont ce bon évêque les expédiait.

Le repas fini, l'évêque, s'adressant au général, lui dit en illyrien : « *Je suis bien aise* » *de te voir, par le désir que j'avais de faire* » *ta connaissance, et pour remplir avec toi* » *le vœu que j'ai toujours formé de vivre en* » *paix avec la grande nation française.* »

Quelqu'un de la suite du général représenta que le prélat parlant très bien l'italien, il eût été bien plus agréable à tous qu'il se fût exprimé en cette langue. « Général, dit alors l'évêque, je dois parler la » langue que peuvent entendre les miens, » puisque je parle pour eux, et en leur nom; » mais désignez un interprète. »

M. le vice-consul *Descarnaux*, qui avait été chargé de toute la correspondance, fut désigné pour remplir cette fonction. Ce fut par son organe que tout l'entretien eut lieu. L'évêque nomma le gouverneur et trois primats, pour assister à la conférence; le général retint le subdélégué, le commandant des pandours, comte *Bubich*, et M. *Cailleux*, envoyé de S. Exc. le gouverneur-général. Tous les autres se retirèrent. La conférence dura peu, et il fut décidé que le traité fait avec M. le général baron *de Sivray* était renouvelé; on y ajouta les quatre articles suivans :

1°. Que tout Monténégrin qui commettrait un vol, ou insulterait un individu sur le territoire français, serait punissable d'après les lois de l'empire français, et par conséquent sujet à la procédure des tribunaux de la province, sans que les chefs monténégrins en pussent appeler. (Cet article fut le plus pénible à passer.)

2°. Que tout enlèvement de bestiaux serait payable en nature et par tête, ou par la valeur estimative déterminée par des arbitres nommés des deux parts, et solidairement par la commune à laquelle le délinquant appartiendrait, sauf à celle-ci à se pourvoir contre lui.

3o. Qu'il serait établi une commission composée des principaux chefs monténégrins et des nôtres, chargés de terminer sans éclat tous les différends qui auraient pu avoir lieu précédemment pour les créances respectives.

4o. Que dans le cas où l'évêque recevrait un ordre de son protecteur l'empereur de Russie, pour faire la guerre aux Français, il s'obligeait d'en prévenir le général deux mois d'avance; et celui-ci *vice versà*, sauf l'approbation du gouvernement français au présent article, pour le général.

Le Wladika s'étant ensuite levé, prit le général d'une main, M. *Descarnaux* de l'autre, et se montrant devant la chapelle où étaient réunis tous les Monténégrins, il cria à haute voix : « Chefs, et vous tous, » Monténégrins, écoutez attentivement : Je » viens de conclure avec le général français, » par l'organe de son interprète que je vous » fais connaître, une convention dont voici

» la teneur (il en donne lecture) : Cette con-
» vention, que j'ai faite pour *vous et en votre*
» *nom*, garantit votre tranquillité, comme
» celle des habitans du voisinage, nos anciens
» et bons amis; jurez par *la Vierge* et par
» *saint Spiridion*, de la maintenir, et de pu-
» nir les premiers coupables qui oseront en-
» freindre *ce que vous avez voulu*, n'im-
» porte quel il puisse être. — Nous le ju-
» rons ! »

Alors se tournant vers l'interprète, il l'invita à répéter les mêmes choses à haute voix, en illyrien, en italien et en français, afin que chacun des assistans pût tout connaître.

Reprenant la main du général et l'accompagnant ainsi jusqu'en de-çà du rocher, à une vingtaine de pas, l'évêque lui donna l'accolade, et se tournant affectueusement vers l'interprète : « Monsieur, lui dit-il, je
» suis très content de votre manière de saisir
» mes pensées et de les exprimer; je veux être
» votre ami; *souvenez-vous-en pour être aussi*
» *le mien*. »

Des salves répétées, tant de la part des Monténégrins que de nos soldats, se prolongèrent jusqu'à notre arrivée à Cattaro, où tout le monde applaudit à une journée qui rendait le calme à chacun.

En réfléchissant sur cette manière de terminer des différends assez graves entre des peuples fiers et susceptibles d'orgueil ou de ressentiment, on regrette que tous les potentats de ce monde n'essaient pas de se conduire de même, et de chercher personnellement à concilier, à étouffer les germes de dissensions, qui peuvent troubler leurs sujets respectifs.

Serait-il donc si difficile de parvenir à maintenir la paix, à écarter le fléau terrible de la guerre, si les chefs des Etats, eux-mêmes, voulaient se donner la peine de communiquer ensemble, de s'écrire, ou de se voir, de s'entendre enfin, en propre personne, au lieu de confier ce soin à des ministres, c'est-à-dire, à des hommes pour l'ordinaire fort indifférens au bien des peuples, et seulement occupés de leur propre élévation, ou de leur fortune particulière; le plus souvent, brouillant tout, empirant tout, pour se faire valoir; et la peste la plus désastreuse qui ait jamais désolé les états modernes? Depuis cent ans, on peut compter dans la France seule, plus de cinquante ministres dans toutes les branches d'administration : en pourrait-on nommer dix, en pourrait-on citer trois dignes des regrets de la nation?

Autant on en peut dire chez tous les peuples de l'Europe. Et l'on se dit civilisés! Et l'on vante le progrès des lumières!

CHAPITRE IV.

Suite sur le caractère privé du Wladika.

On pense avec fondement que je n'ai pas dû borner mes entretiens à ces seules matières. Trop heureux de pouvoir conférer, au centre de l'Etat, avec le chef d'une telle peuplade. Mais aussi quel chef? Un homme assurément pour qui rien n'est d'un faible intérêt, et digne d'un théâtre mieux assorti à ses connaissances très étendues. Je continuerai à le faire connaître.

Il aime beaucoup la culture, pour laquelle il a fait les plus grands efforts; mais il se plaint et regrette que *son peuple* se montre trop attaché à ses anciens usages. Il a toujours beaucoup aimé les arts. Il s'est livré dans sa jeunesse à la mécanique dont il a étudié les lois, et dans laquelle il a réussi; sa prédilection s'est manifestée pour la géographie. Son cabinet particulier annonce un amateur distingué. Il a réuni divers tableaux de beaucoup de mérite, tant de l'histoire profane que de l'histoire sacrée. Il me fit valoir, comme une faveur spéciale, l'honneur de m'y admettre.

Il est très méthodique dans sa vie privée, et encore plus dans ses exercices de piété; beaucoup plus encore dans les *devoirs de son* gouvernement. Tout chez lui se fait avec le plus grand ordre, la plus grande exactitude et une précision presque puérile. Toutes les actions de la journée ont leurs heures déterminées, dont ni lui, ni aucun de ceux qui l'entourent, ne s'écartent; il se plaint toujours de n'avoir pas assez de temps pour bien faire les exercices de sa charge, quoiqu'il soit d'une grande activité.

Il s'aperçut que je partageais ses goûts pour la culture et la botanique. Nous fîmes de fréquentes sorties pour me montrer les terres des environs, qui ne sont pas de fort bonne qualité, mais auxquelles il aurait assorti des plantes conformes à la nature du sol, s'il y eût trouvé plus de propension parmi les siens. Ses jardins sont tenus avec goût et dans le mode italien, quoiqu'il m'ait avoué que, depuis quelques années, ne pouvant plus y mettre la main lui-même, ils se ressentaient de son absence. Nous allons parler de la culture en général. On va connaître ses opinions sur les progrès de cet art. Tout ce que je vais dire, est le résultat de nos entretiens.

CHAPITRE V.

Culture. — Plantes. — Arbres. — Fruits. — Pêches d'une grosseur extraordinaire. — Cédrats, etc.

Les arbres et les plantes sont le plus riche ameublement de la nature ; les feuilles en font la riante parure ; les fleurs, ses ornemens ; et les fruits, l'heureux triomphe. Mais la nature seule n'a pu suffire long-temps à des besoins accrus par la population ; la culture était donc nécessaire.

Cet art, si justement vanté par le vertueux Socrate, tant honoré par Germanicus, source du culte religieux, chez les Chinois, les Egyptiens, et le motif spécial de la législation de Manco Capac, a fixé, tour à tour, l'attention des vrais sages de tous les points de la terre, et il devrait être davantage l'objet de prédilection de tous ceux que le choix libre des peuples, d'antiques droits, ou la destinée appellent à gouverner.

Cet art, le premier de tous, le plus indépendant, malgré des siècles d'un outrageant servage; le plus vraiment noble, malgré le mépris d'êtres insensés; le plus utile enfin, puisqu'il se lie si intimement à l'existence de l'homme, n'a pas pour objet sa seule nourriture. Bien d'autres motifs ont dû le faire trouver, et le mettre en honneur chez tous les peuples.

La culture est de tous les âges; elle a dû avoir le même principe que la création, ou la suivre immédiatement; les premiers besoins durent en fournir la première pensée.

J'irai plus loin : si, de nos jours, une seule portion des hommes cultive pour tous, c'est parce que les moyens d'échange et de compensations se sont offerts à l'industrie, par l'invention graduelle de mille ressources, et par la diversité des besoins, vrais ou factices.

Tout croissait, dira-t-on, naturellement; mais on n'a pu long-temps s'abandonner, même aux ressources locales, sans en prendre quelques soins; il a fallu assurer autour de son antre, de sa tanière, de sa cabane, sa subsistance contre le premier venu. *Res nullius, primo occupanti fuit.* Il a donc fallu, comme on voit, par quelque signe d'occupation, marquer, garantir, soigner, tout comme on voudra, certaine étendue; la circonscrire, entre des montagnes, des ravins, des rivières, etc.; en voilà assez pour justifier l'expression de *culture*, dans une grande étendue de son acception.

Mais qu'on ne croie pas, non plus, que les peuples, même nomades, se soient bornés à prendre, à couper, à user tout simplement des fruits et des racines qui croissaient spontanément. Eux, ainsi que les sauvages les plus abrutis, quand ils avaient découvert quelques arbres ou quelques plantes, dont les racines convenaient à leurs besoins, en se fixant dans ces lieux, aussi longtemps qu'ils leur offraient les moyens d'y satisfaire, avaient grand soin d'isoler ces plants nourriciers, en extirpant autour d'eux tout ce qui pouvait nuire à leur perfectionnement.

Ici se voit déjà un autre acte de *culture*, plus positif encore, quoique je remonte aux premiers âges du monde : aussi fais-je abstraction du moindre ou du plus haut degré de *culture;* et certes, pour bien peser cet argument, il ne faut pas céder à la difficulté de comparaison que pourrait offrir l'état ancien par rapport à l'état actuel des choses.

De ces réflexions naît une vérité déjà bien consacrée : c'est que, si le degré de perfectionnement auquel est portée la *culture* chez un peuple, ne doit pas toujours faire juger de son âge, il doit servir, au moins, à faire pressentir la force de sa population, et l'état de ses progrès dans tous les genres d'industrie.

Cette preuve est particulièrement sensible dans tout le Montenegro, pays, pour ainsi dire, où la nature agit seule, dans les deux tiers de sa surface. Cependant une grande partie de son territoire, suivant sa plus ou moins grande élévation, est sous un climat qui imprime à la végétation une rare actité ; si la culture y était exclusivement confiée aux mains de l'homme, elle y offrirait des avantages infinis, parce que les combinaisons industrielles, jointes à la force physique, y obtiendraient les résultats dont elle serait susceptible ; mais les individus mâles, dans le Montenegro, abandonnent les plus grands travaux de la culture à leurs femmes, qui s'y livrent avec un courage et une patience admirables, mais non avec les mêmes calculs et les mêmes succès que pourrait le faire le sexe fort.

Une infinité de terrains incultes seraient aujourd'hui en plein rapport ; mais cet esprit d'indépendance indéfinie qui détermine les moindres actions du Monténégrin, ne lui permet pas de courber le front vers la terre, ni de rester un seul jour renfermé dans le même cercle. Son génie inquiet, impatient, vagabond, l'entraîne à errer, à divaguer dès le point du jour, jusqu'à l'instant où les ténèbres et le besoin du repos le rappellent sous ses toils rustiques.

La culture alimentaire se réduit donc à

des denrées grossières d'une exploitation facile. Dans les parties froides, on cultive assez de grains, comme seigle, orge d'été, chanvre, maïs, sarrasin. Les hivernages sont rares, et presque sans succès ; aussi préfère-t-on attendre le retour de la bonne saison pour entreprendre les moindres travaux. L'époque en est toujours très tardive dans ces contrées, où les autres productions les plus communes sont les pommes de terre, les topinambours, les choux et les carottes. Des pois et des haricots, de toutes les espèces, y réussissent très bien ; aussi toutes offrent-elles aux Monténégrins des moyens d'exportation journalière chez leurs voisins.

On ne connaît point au Montenegro, ou du moins on n'y cultive nulle part, les fèves, les lentilles, ni cette infinité de menus grains connus dans le reste de l'Europe. L'asperge des jardins y est absolument ignorée, comme toutes nos belles espèces de salades. Le peu qu'on y possède est toujours vert, dur et d'un goût âpre. On n'y jouit non plus d'aucune fourniture, d'aucune sorte de radis, ni d'épinards; en un mot, ils sont privés de tous les détails intéressans du jardinage qui font les délices de nos tables délicates. Ils s'en croient dédommagés par la quantité incroyable d'oignons, d'échalottes et d'aulx, qu'ils cultivent sur tous les points, et dont ils font une consommation incroyable; ce qui rend leur approche insupportable, par la mauvaise odeur qu'ils exhalent.

Dans les régions basses, inclinées vers l'Albanie, on cultive du froment qui y vient supérieurement, ainsi que la vigne, avec un plein succès. On y compte en raisins quarante deux sortes de plantes; il y a quelques côtes privilégiées, dont les vins sont exquis, tels que ceux de la Czerniska nahia, dont les raisins sont de la plus belle venue, d'une grosseur, d'un vermeil et d'un diapré à ravir; ils sont en général les mêmes que ceux connus dans tout le littoral de l'Adriatique dans la partie la plus méridionale.

Le figuier y vient spontanément dans plusieurs endroits. L'olivier n'y réussit que dans la Czerniska, et vers l'embouchure de la Schinizza et de la Ricowezernowich, où l'on voit aussi quelques orangers, citronniers et bergamottiers, qu'on pourrait multiplier aisément, dans les abris des rochers.

Cependant, en général, tous les fruits obtenus dans ce pays, sont sauvages; l'art de la greffe est encore ignoré. Le Wladika a fait de vains efforts pour l'y introduire; à l'exception des espèces connues sous le nom de grande culture dont je viens de parler, tous les fruits y sont petits; mais de temps en temps aussi, la nature en produit d'extraordinaires. Ce sont d'heureux écarts que l'art de la greffe aurait déjà partout ailleurs mis à profit, en les propageant.

De ce nombre étaient des pêches que je reçus une année, de Saint-Basile (elles pesaient de quatorze à dix-sept onces), et un cédrat d'une grosseur étonnante (il pesait au moins deux livres). Ces fruits causèrent un grand étonnement à tous ceux des Français qui les virent. Les pêches furent envoyées à M. le baron de Sivray, qui m'en témoigna sa satisfaction et sa surprise par écrit; le cédrat fut adressée à madame la comtesse Bertrand, dont l'époux gouvernait alors l'Illyrie.

On n'y connaît que trois sortes de figues, la petite rousse cernée, dite de Jérusalem, la violette et la petite blanche, qu'ils sèchent à la manière dalmate, pour le commerce.

Un rapport manuscrit d'un officier-général croate dit que *l'olivier* ne croît point au Montenegro. Il fait preuve, du moins, que cet officier n'y a pas été. Voilà les inconvéniens qui résultent d'écrire sur les notes d'autrui. Ce qu'on peut dire, c'est que l'olivier n'y est pas l'objet d'une culture très répandue, ni avantageuse; et que le tronc et les principales branches en sont endommagées par une multitude de petites cavités qui nuisent à son accroissement, mais que la culture pourrait corriger.

Le cédrat, cité plus haut, était d'un dixième moins long que ma tête, et d'un sixième moins gros. Ce fruit qui, dans le développement de l'ovaire, avait conservé à sa chute du style une protubérance de la grosseur d'un mamelon (ce qui est très rare), avait été estimé cinquante sequins d'or, s'il eût été porté à Trieste à l'époque marquée par une grande fête des juifs, pour laquelle ils en recherchent de semblables, à toutes sortes de prix. On n'en avait laissé que cinq sur l'arbre, d'où ils n'avaient été cueillis qu'au terme de perfection; ce qui est très avantageux au volume qui s'accroît étonnamment vers les derniers momens. On ne peut jouir de cet avantage dans les pays du nord, où, pour faire arriver sains ces sortes de fruits, on est obligé de les cueillir long-temps avant leur maturité. La même année j'en reçus un autre, pour le moins aussi beau, de la part du docteur Garracuchi de Castel-Nuovo.

On voit aussi, dans les terrains qui se rapprochent le plus du niveau de la mer, des artichauts d'une grosseur rare, de même que des mélongènes de toutes les variétés, qui y acquièrent une substance succulente et agréable.

C'est la nourriture la plus habituelle des Monténégrins pendant tout l'été ; ils en sèchent beaucoup pour l'hiver.

Tous les genres de cucurbites, dont la famille est si nombreuse, viennent aussi très bien dans les parties basses du Montenegro, le long du cours des deux rivières, et de la vallée de Czerniska. Les melons ordinaires, les melons d'eau, les melons verts surtout, y sont d'une qualité remarquable, qui égale tout ce que l'Albanie a de meilleur en ce genre. Les potirons, les courges, les cornes d'ammon des deux saisons, y acquièrent un volume inconcevable ; mais on distingue pour la qualité et la finesse de la pulpe, la *zuccha santa*, qui produit beaucoup, et qu'on peut comparer au giraumont.

Les plus remarquables pour la singularité sont l'octogone articulée, la couronne impériale à grosses protubérances; une plus curieuse est celle qui, au siége de la fructification, offre un enfoncement de huit à dix lignes, dont les parois, taillés à faces lisses et uniformes, donnent un pentagone régulier du diamètre d'un pouce et demi. C'est la moins commune.

Outre les espèces connues en France sous le nom de coloquinte, dont les unes ressemblent aux oranges, d'autres à la pomme et à la poire, on en trouve de variées, en pêche, en citron, en figue. On y voit l'espèce des gourdines sous une infinité de formes, de dimensions et de bigarrure; les unes à trois renflemens bien sensibles, d'autres en alambic. Celles-ci plates et dans la forme que produiraient deux assiettes réunies vers leurs parties concaves; celles-là de la grosseur d'un fort melon, du milieu duquel un corps mince, dès la base, s'éleverait à deux pieds et demi, dans la proportion de quinze lignes de diamètre.

L'espèce la plus curieuse est, sans contredit, un petit melon de la grosseur d'un œuf de poule, radié de blanc, de jaune et de vert, d'une odeur tellement suave, qu'elle reste aux habits et aux appartemens, long-temps encore après l'absence du fruit. Peu de personnes en mangent; il est fade, mais il sert de passe-temps. On a coutume de le tenir en main, de le presser et le ramollir, comme pour mettre à contribution ses parfums.

Quelques habitans notables cultivent le coton qui réussit très bien; mais ce n'est, jusqu'à présent, que par curiosité; d'ailleurs le terrain propre et le travail manquent à sa propagation.

Sous le rapport de l'économie rurale, le Monténégrin trouve plus avantageux de suivre la culture du tabac, dont il fait lui-même une consommation considérable; et qui, d'ailleurs, outre qu'il réussit très bien quant au volume, y acquiert encore une qualité précieuse, qui l'égale au meilleur tabac de l'Albanie.

On commence à cultiver au Montenegro, avec un peu plus de soin, une plante ignorée en France; du moins ne l'ai-je vue nulle part, non plus que dans aucun des Etats qui l'avoisinent, et qui possèdent tant de plantes rares. C'est le *Bamia*. Cette plante mérite d'être décrite, et de l'être avec quelques détails.

Quelqu'observation que j'aie faite avant mon départ pour la Dalmatie, en 1806, au Jardin *des Plantes* de Paris; quelques habitudes que j'aie eues dans les jardins les plus distingués, je ne l'ai pu découvrir; elle n'était pas non plus dans celui de l'école centrale du département de la Dyle, enrichi par les soins de l'infatigable M. Dequin. Cet élève de M. Thuilier, auteur de la Flore des environs de Paris, peut s'honorer d'une vaste correspondance avec les plus illustres botanistes et les plus riches propriétaires. Il m'a paru étrange de ne pas trouver cette plante dans ses collections.

M. le docteur Rosin, professeur distingué dans la botanique, et le savant Van-Mons de l'école centrale, non plus que les amateurs nombreux d'Anvers, ne la possédaient pas alors.

Depuis cette époque, j'ai vainement parcouru les jardins les plus connus de Turin, de Milan, de Pavie, de Padoue, de Venise, tous ceux du littoral Adriatique, de la Prusse, de l'Allemagne, de la Hongrie, dans lesquels des princes puissans, de riches seigneurs, réunissent à grands frais les plantes les plus curieuses. On ne l'y rencontre pas.

J'espérais la trouver dans les magnifiques jardins du roi de Saxe, mais vainement je l'y ai cherchée.

L'observation de ces derniers jardins avait d'autant plus flatté mon espérance, que le roi lui-même, amateur délicat, autant que connaisseur éclairé, ne rougit pas d'y tenir la bêche de ses mains royales; d'y faire avec la plus scrupuleuse attention, l'amalgame des terres, pour donner à chaque plante la substance qui lui est propre, de décaisser les unes, d'encaisser les autres, d'arroser, d'observer enfin la nature avec le sentiment d'un philosophe, qui sait apprécier sa situation; qui toujours est préparé à subir l'expérience que le bonheur ne consiste pas exclusivement dans la grandeur et le faste, et qui est convaincu que le dais et la pourpre ne mettent point à l'abri de l'infortune tout homme, soldat, berger ou prince qui n'a pas d'autre dot.

Tant de recherches faites aux lieux, surtout, où l'art et les richesses ont réuni les tributs de la nature, épars sur le globe, ne m'ont offert nulle part cette plante précieuse qui, peut-être, par défaut d'observation, et l'ignorance de son usage, est tombée en désuétude, peut-être aussi parce que ses fleurs n'ont pas l'éclat de celles de pur agrément.

Le *Bamia* est de deux espèces ; la grande se nomme *Sultan Bamia* ; la petite simplement *Bamia*. Elle est indigène en Egypte, et sur toute la côte occidentale de la mer Rouge, où elle est très utile ; mais elle vient de Constantinople, où il s'en fait une aussi grande consommation que de mélongènes dans le midi de la France.

Elle est dans la classe des alcées. Sa hauteur est à peu près celle de la *Lavaterra mexicana* ; la tige en est cependant moins grêle, et se soutient bien d'elle-même sur un fût unique, quoiqu'elle ne soit pas déterminément ligneuse ; ses feuilles cotonneuses sont semblables à celles de la vigne, et ont des nervures saillantes; elles sont d'un vert plus faible.

La fleur, semblable à celle de l'*Althœa frutex*, est de couleur de souffre sans nuance; seulement au fond du calice et à la naissance de chaque pétale, on voit une teinte de violet brillanté et de figure onglée, qui produit le plus bel effet. Le pistil est fusiforme; il s'élève jusqu'à la partie supérieure du calice et conserve la même couleur violette, tandis que toutes les étamines, adhérentes en efflorescence, sont de couleur d'or.

Cette plante ne doit pas être confondue avec celle dont parle Lemery, de l'académie, dans son Dictionnaire universel des simples. Tout ce qu'il dit n'a rapport qu'à la petite espèce; encore est-elle mal décrite, en ce qu'il dit que les feuilles sont beaucoup plus petites que celles de la vigne, puisqu'au contraire parvenues à leur formation absolue, elles sont plus grandes qu'aucune feuille de vigne; et qu'il est encore vrai de dire que, dans les deux espèces, la fleur est beaucoup

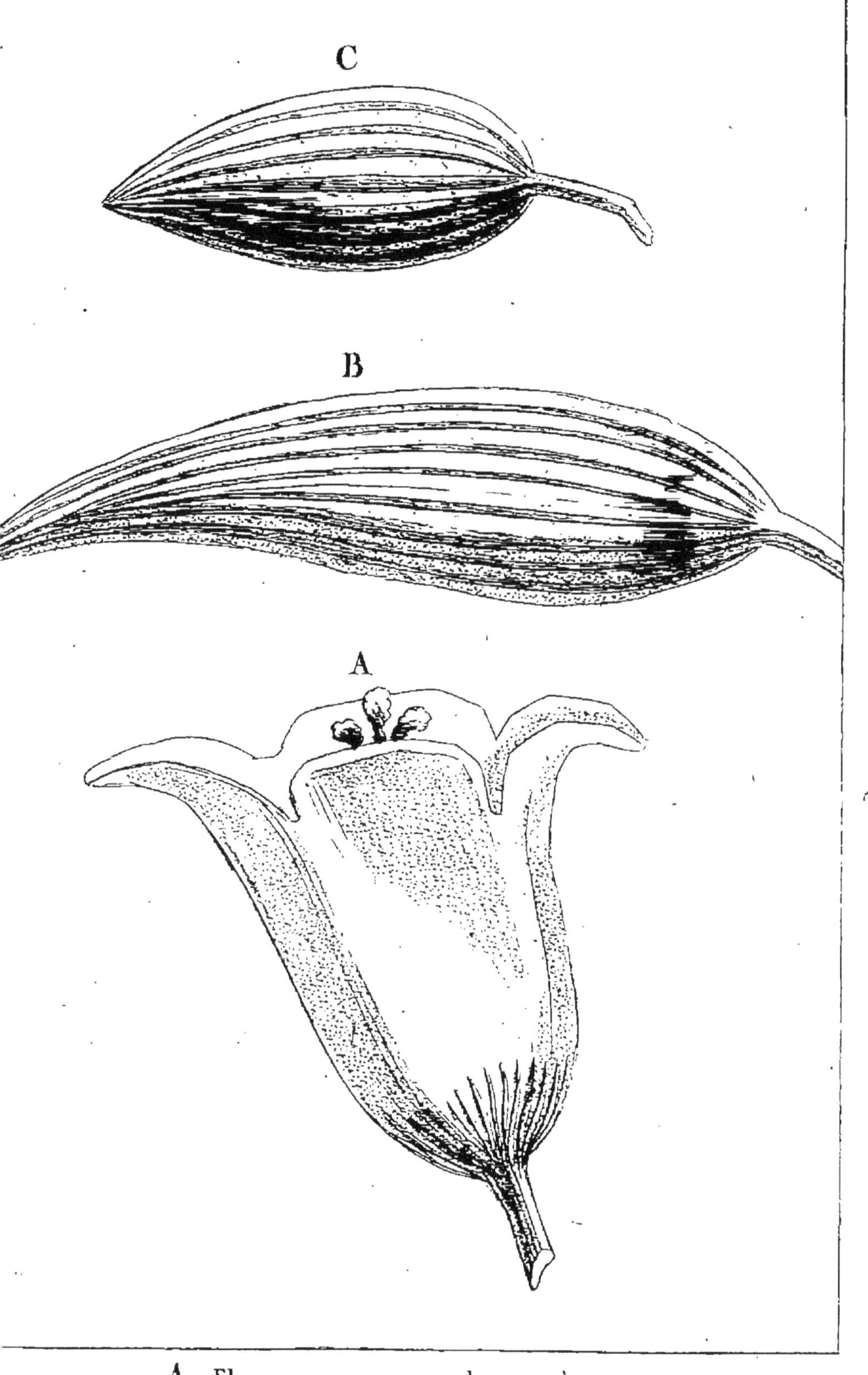

A - Fleur commune aux deux espèces.
B - Fruit de la grande espèce

plus grande que celle de l'*Althæa*, quoiqu'on la décrive petite. Mais cette erreur provient de ce qu'elle a été analysée hors de sa terre indigène, d'après les productions de laquelle il convient toujours de décrire.

La fructification, immédiatement après la chute des pétales, se présente déjà sous la forme d'un gland ordinaire parvenu aux deux tiers de son volume. La grosseur du fruit en état d'être mangé, est de quatre à cinq pouces de long sur un de diamètre. Mais parvenu à son point de perfection, c'est-à-dire au terme de maturité pour la reproduction de l'espèce, elle est depuis six jusqu'à huit pouces de long sur un pouce et demi de diamètre.

Sa forme est oblongue, cannelée dans tout son développement, depuis le pédoncule, et se termine en pointe légèrement recourbée. L'intérieur se divise en huit petites loges, régnant dans toute sa longueur, séparées par une membrane mince, transparente et *coriacée*; chacune renferme une infinité de semences semblables à de petites orobes, ayant la pellicule épaisse, contenant une pulpe douce, de couleur verdâtre, mais non blanche, comme on l'avance sans nul fondement.

Ce fruit n'est propre à être mangé qu'en vert; il se sert, le plus ordinairement, en ragoût; on le mange encore à la manière du salsifis d'Espagne : la plus délicate est en beignets au sel, et bien mieux au sucre. C'est un des mets les plus délicieux qu'on puisse offrir, outre qu'il est de bien bel effet sur une table.

Lorsqu'il est servi en ragoût, son suc épaissit les sauces, parce qu'il a la propriété de toutes les alcées; il est d'un fondant agréable : on peut le confire comme les cornichons.

Aux avantages qu'elle offre pour la table, cette plante réunit de grandes vertus en médecine; elle est émolliente, résolutive et pectorale; la décoction de ses feuilles est précieuse dans les ophtalmies, assez fréquentes dans les pays chauds.

Il ne me fut pas possible d'en recueillir

des semences pendant mon séjour, parce que les fruits qui restaient sur les plantes n'étaient pas encore en état de maturité, et que les premiers séchés sur tige les avaient perdues par l'insouciance des propriétaires. Néanmoins, comme j'étais en correspondance suivie avec le consul français à Scutari, ce magistrat eut la bonté de me communiquer cette espèce, et de m'en indiquer les divers assaisonnemens, d'après le mode usité par les indigènes qui lui attribuent certaines vertus que les Français, qui se prétendent initiés aux secrets intimes de la nature, assignent au céleri, et dont on se sert, assure-t-on, en Turquie, comme d'une ressource, peut-être devenue nécessaire à un peuple qui vit dans la polygamie.

L'onagra, que, dans le reste de l'Europe, si ce n'est en quelques cantons de la Silésie, l'on néglige trop, est d'une grande ressource au Montenegro; on en mange les feuilles comme nous mangeons les épinards, et les racines comme nous les scorsonnères et les salsifis. La racine de l'onagra ne leur cède en rien pour la qualité, quoiqu'elle ait un goût plus relevé. On n'en saurait trop encourager la culture en la recommandant aux amateurs et aux propriétaires. Traitée en grand, elle sera une source nouvelle d'abondance pour les bestiaux, parce qu'elle est de bon produit, et les avantages en sont d'autant plus certains, qu'elle prospère dans les terrains frais, impropres aux productions de premier ordre, et même dans les coins les moins bien exposés dans les jardins.

Quoi qu'il en soit, la culture, comme il est facile de le voir, n'est pas d'une grande importance au Montenegro; aussi, considérée intrinséquement, tous ses produits suffisent à peine à la moitié de la consommation annuelle; mais la nature n'y est pas marâtre; elle y ajoute par de grandes compensations.

Les montagnes, les forêts sont peuplées de gibier de toute espèce, de bêtes fauves, de chèvres sauvages. Ses rivières, comme ses lacs, abondent en poissons délicats, parmi lesquels on distingue la truite, qui est la meilleure de l'Europe.

Les écrevisses y sont nombreuses, grosses, d'une chair ferme et délicate; on les préfère à toutes celles qui viennent d'ailleurs.

CHAPITRE VI.

Suite de la culture. — Arbres à fruits. — Légumes. — Fleurs. — Productions spontanées.

UNE infinité de pommiers, de poiriers, de pruniers, de cornouillers et de cerisiers sauvages, s'offrent partout et fournissent différentes boissons. La marasque (espèce de merisier à petites cerises, dont on fait le marasquin à Zara), ainsi que le cormier et le néflier, y abondent.

Quoique le mûrier croisse assez heureusement en certains cantons, et qu'il fût par conséquent facile d'y élever des vers à soie, on ne voit que quelques amateurs se livrer à cette branche d'industrie, dont les produits sont employés dans leur famille à de vains objets d'ornement. On se sert du fruit comme aliment.

Dans les régions qui s'approchent de la mer, comme aux expositions du midi, on rencontre le micocoulier, le caroubier (1) et l'arbousier, qui ajoutent à la subsistance des moins aisés.

L'arbousier ressemble beaucoup au laurier, et comme lui, conserve toute l'année ses feuilles qui sont dentelées. Ses fleurs, en petites grappes, blanches, monopétales, forment de petits grelots. Il fournit quantité de fruits d'un rouge éclatant, bien char-

---

(1) *Ceratonia siliqua*. Linn. Nous l'avons en Provence. Ce fruit n'est point estimé parce qu'on n'en connaît pas les avantages. Rien n'est meilleur en décoction contre la coqueluche et les toux les plus invétérées; l'on a remarqué queles enfans qui en mangent habituellement, ne sont jamais sujets à cette maladie de l'enfance. Les Monténégrins appellent ce fruit l'*avoine des mulets*, parce qu'ils ensont très friands.

nus, de la grosseur d'une prune de reine-claude, jaunes à l'intérieur, substantiels et de bon goût, quoiqu'un peu fades. Le cours d'une année, à partir de la floraison, devient nécessaire à son perfectionnement; aussi voit-on, en même temps, sur l'arbre, des fleurs, des fruits verts, d'autres d'un jaune prononcé, d'autres d'un rouge écarlate. Mangés en trop grande quantité, ils enivrent promptement, parce que la fermentation en est active et véhémente. Les parties méridionales de la France en abondent d'autant qu'on s'y rapproche plus des côtes maritimes. Quelques personnes appellent improprement ces fruits, des fraises d'arbre.

Tout le sol de ces parties est encore couvert de thym, de lavande, de menthe, d'hysope de toutes les couleurs.

La sauge y est très commune; c'est un présent précieux qu'on méconnaît, ou qu'on néglige trop en Europe, où l'on ne s'en sert que très rarement, tandis que les peuples lointains en tirent avantage. Ici, par exemple, nous vantons le thé de la Chine; les Chinois et les Siamois font toute l'année la salutaire expérience du *thé-sauge*. Les Hollandais en ont fait long-temps l'objet d'un commerce exclusif. Ils recevaient deux livres de thé de la Chine pour une livre de *thé-sauge*, et les Chinois s'en trouvaient très bien, en même temps que les Hollandais n'y perdaient point. L'usage qui s'en fait dans ma famille et chez quelques uns de mes habitués, depuis bien des années, donne des résultats qui prouvent que l'hommage rendu à cette plante n'est point fondé sur une prétention systématique; mais elle ne nous vient pas de loin. Les futilités exotiques prévalent toujours sur nos trésors indigènes.

Le mirtille, la bruyère, la stalicée et le serpolet y offrent, en mille endroits, des prairies naturelles d'une substance abondante et délicate, à un nombre prodigieux de troupeaux, qui sont la première branche d'industrie du pays.

Dans les moindres gerçures des rochers, à côté du câprier fécond, des immortelles et des genêts, s'élèvent avec fierté les tiges fleuries de l'*aloès spicata*, dont les habitans fabriquent, tant mal que bien, des toiles, après en avoir fait macérer les feuilles charnues dans des eaux stagnantes.

Les lauriers, les oléandres, les myrtes, les romarins et les lauriers thym, forment de toutes parts des massifs d'une inaltérable verdure, et fournissent aux besoins journaliers, du chauffage et de la cuisine, un bois dont la fumée exhale la plus agréable odeur et embaume les airs.

Partout aussi la clématite, le chèvrefeuille, le smilax répandent leur parfum, en se mariant aux lentisques, à l'agnus-castus, au pyracanthus. Le houblon, la labrusque pullulent et s'attachent à tous les arbres dont ils doublent le feuillage et varient les nuances.

La grenadille, le convolvulus et la bryone, pendent toute l'année en riches festons, liés à la scolopendre et à l'aristoloche, à toutes les chutes humides.

Dans ces mêmes expositions, malgré tant

d'importuns rochers, les célosies, les violiers les plus variés, les plus rares scabieuses émaillent tous les sites, et les œillets étalent, sur toutes les surfaces, leurs calices embaumés à côté du jasmin.

Aux expositions septentrionales, outre les plants cultivés en Europe, on trouve à côté d'un églantier, le rosier à cent feuilles, dont les fleurs ont un éclat et un volume étonnans. C'est un présent que les Monténégrins ont l'habitude de faire aux amateurs du voisinage, qui veulent se pourvoir de rosiers de belle espèce.

D'autre part, les nerpruns, les camesserasus, les thymelées, les daphnés à fleurs blanches, et le framboisier, protègent de leur ombre, la gentiane, l'humble cyclamen, l'alkekenge et la pervenche hâtive.

Dans ces parties, guidé par l'analogie, j'ai cherché avec soin, mais vainement, le groseiller, ainsi que le cacis; il paraît même qu'on n'a jamais connu ces deux plants dans le Montenegro.

Le cyperus se trouve dans tous les lieux

frais; les pourceaux les recherchent avec avidité; c'est leur meilleure pâture. Les gardiens leur en disputent une partie.

L'asperge sauvage est la seule espèce que les Monténégrins possèdent et connaissent; elle vient en abondance dans toutes les expositions; on en porte, pendant quatre mois de l'année, aux marchés de la province de Cattaro. On peut s'y pourvoir, pour bien peu d'argent, d'une quantité considérable de cet article, ainsi que d'une autre plante *convolvule*, qui se mange à la manière des asperges et qu'on réunit dans les mêmes bottes. Je regrette de n'avoir pu analyser cette plante. Je ne me rappelle point de l'avoir vue ailleurs.

Aux lieux frais et ombragés, la terre est couverte de fraisiers *ananas*, connus dans toute la province de Cattaro, sous le nom de *fraisiers de Montenegro*.

Ces fruits y viennent d'une grosseur, d'un incarnat et d'un parfum admirables.

Là, se propagent aussi les amaryllis, les asphodèles, outre une infinité de bulbeuses trop longues à énumérer, et dont plusieurs ne figurent pas encore dans nos jardins.

CHAPITRE VII.

Forêts. — Végétation extraordinaire.

QUANT à qui concerne les grandes masses constituant les forêts, il faut les considérer de trois espèces dans le Montenegro.

Les parties les plus élevées se composent de pins, de mélèzes, de cyprès, de chênes verts, d'ifs, d'alaternes, de buis, de géneвriers, de houx et autres de même nature, et notamment de sapins.

Les parties inférieures consistent en hêtres, charmes, frênes, châtaigniers, chênes blancs, érables, plânes, sorbiers, platanes, noyers et tilleuls, qui y viennent prodigieux.

Les bas-fonds sont couverts de trembles, de saules de plusieurs espèces, d'aunes, de coudriers, de peupliers francs, de diverses sortes de bouleaux et de sambucs, dont les fleurs nombreuses font le plus bel effet.

Chacune de ces parties renferme quelques plants des deux autres, selon certains quartiers qui se rapprochent plus ou moins de la nature de leur sol; néanmoins, comme ils n'y sont pas fort communs, la distinction que je viens d'établir paraît très sensible.

Il faut rapporter à cette réunion marquante de tant de plants divers, agglomérés, pour ainsi dire, sur un même point et dont les fleurs sont chargées de substances essentielles, la quantité de miel qu'on recueille au Montenegro. Il se distingue par sa qualité; c'est un objet de grand produit.

Du reste, j'y reconnus presque toutes les familles que nous avons en France, mais dont la plupart sont de moindre importance que celles dont j'ai entretenu le lecteur, afin de donner une idée plus exacte du pays par les indices de la température qui leur est propre. Si j'ai parlé de plusieurs individus déjà, dès long-temps connus dans nos jardins, c'est parce qu'ils viennent dans tout ce pays, sans soins et sans culture, aux endroits les plus âpres et les plus agrestes.

J'avais eu soin de recueillir les semences de trente-trois individus, d'une dissemblance totale de ceux que j'avais étudiés jusqu'alors, et qui étaient d'une grande beauté. Formes radicales, développement, feuilles, ascension, fructification, tout avait fixé mes observations les plus minutieuses. Je me proposais de les classer avec ordre, l'année suivante, dans mon jardin de Cattaro; mon prompt départ pour l'armée me l'interdit, avant l'époque opportune.

Comme l'analyse et la classification ne peuvent résulter exactes, que d'un examen suivi dans l'état de floraison, je n'aurais pu donner que des présomptions hasardées.

Je devais à ma patrie un tribut dans la collection de tout ce qui était digne de quelque remarque, et qui offrait le caractère de l'utilité. Je l'apportais comme un trésor qui me présageait de bien douces jouissances...... Mon attente fut trompée..... Les pluies continuelles, l'humidité de l'atmosphère, avaient tellement pénétré nos bagages, que, par l'impossibilité de leur donner de l'air à temps, et même l'oubli résultant des momens désastreux qui attiraient notre attention sur des objets majeurs, tout périt ou par la moisissure, ou par une germination hâtée qu'il n'était pas permis de mettre à profit, dans la position précaire et l'état errant dans lequel on se trouvait alors.

Dans les parties basses et méridionales du Montenegro, on voit des prodiges de végétation; du soir au lendemain, les jardins ont tellement changé de face qu'on ne s'y reconnaît plus. Les fleurs, les fruits y acquièrent un développement et un accroissement rapides. Ceci me rappelle une production remarquable; pendant mon commandement de la place de Castel-Nuovo, j'obtins un œillet de onze pouces de circonférence. Il était de la famille des dianthes blancs, indigènes à l'île de Corfou, qui est en réputation de posséder des merveilles dans ce genre. J'en avais acquis l'espèce des pères capucins de Cattaro. Ils m'assurèrent avoir obtenu dans leur jardin des œillets de quatorze pouces. Les célosies offrent de pareils phénomènes par leur volume. On peut juger, par ces détails, que la fertilité du sol et l'influence du climat ne s'altèrent pas, en les comparant à ce qu'en ont dit Properce et Aristote le jeune.

CHAPITRE VIII.

Du Commerce chez les Monténégrins.

Le commerce est (si l'on peut s'exprimer ainsi) le frère chéri de l'agriculture; il met à profit, par l'exportation, l'excédant des produits indigènes, et enrichit l'Etat des productions étrangères.

Le commerce primitif des peuples, exclusivement subordonné à la nature du sol, s'est assorti, plus tard, à l'industrie nationale, au génie particulier des citoyens; par la suite il dut se ressentir beaucoup de l'action de ces mêmes causes, dont les rapports, en s'étendant, se communiquèrent enfin réciproquement.

Mais la cause principale qui agit directement sur le commerce, et qui influe puissamment sur la destinée des générations, c'est le degré de liberté que les princes leur accordent à propos.

Ces idées que j'avais manifestées au Wladika, à l'occasion de quelques éclaircissemens que je voulais obtenir sur le trafic des Monténégrins, nous entraînèrent à une conversation qui prit un caractère sérieux, et qui, en peu de traits, peint l'esprit d'indépendance dans lequel ce peuple aime à s'entretenir.

« Quand verrais-je, dit-il fièrement, la » liberté des mers; ou mieux, la liberté du » commerce du monde?

» Oui, colonel, ajouta-t-il, les Etats pros- » pèrent ou tombent, précisément selon cette » mesure. Malheur aux peuples, malheur » aux souverains eux-mêmes qui y apportent » des obstacles irréfléchis; et s'abandonnant » aux calculs spécieux de quelques exacteurs » avides, cumulent témérairement des lois op- » pressives, qui ne forment qu'un monstrueux » assemblage, dont la tyrannique application, » en paralysant imprudemment l'industrie

» des citoyens, tarit la source de la prospérité publique, et altère évidemment le trésor national! J'avoue que sans règle et sans lois, le commerce, bientôt accablé de spéculations illicites, serait bientôt suivi de conséquences désastreuses, et ferait le malheur des peuples, puisqu'alors d'avides calculateurs, des accapareurs puissans, le transformeraient en monopole, parcourant à pas dévastateurs le sol qu'à chaque instant du jour, des hommes simples fertilisent de leurs sueurs, et que des braves défendent au prix de leur sang généreux. Moderne Protée, pour l'utiliser, il faut le diriger sans l'asservir. Renfermé dans ses véritables limites, il est l'âme des Etats, et les commerçans partagent de droit les palmes civiques dues aux pères nourriciers du genre humain. Mais nous rencontrons mille obstacles en approchant de vos frontières, mille autres, de quelque côté qu'on se tourne; et je ne puis te dissimuler que le trop grand nombre de lois, en matière de commerce, les réglemens, les actes sup-

» plémentaires, et l'instabilité du mode, et » les nuées d'agens qui dévorent tout, attes- » tent le dernier terme de l'ignorance dans » l'art de gouverner. »

Il est vrai, répondis-je, que vouloir arrêter ou réduire trop subitement l'industrie des citoyens, est une opération semblable à celle de cet insensé agromane qui, impatient de jouir, mutile un jeune plant, pour y surprendre les secrets de la nature, pour lui arracher ses trésors; et qui, la scrutant sans son aveu, en tire, par térébration, des sucs imparfaits, épuise ainsi la sève qui doit la féconder plus tard, et voit bientôt ses tendres rameaux se dessécher sur un tronc usé, et désormais stérile. — « Pourquoi donc agit- » on partout précisément comme cela? » — C'est que gouverner n'est pas facile; bien gouverner l'est encore moins; mais gouverner parfaitement bien de grands Etats, est peut-être une œuvre hors de la sphère humaine; et vous oubliez, en me parlant, que vous êtes membre d'un Etat bien étroitement circonscrit. — « Qu'importe, colonel? Ce qui s'applique

» à l'un, dans cette espèce, peut s'appliquer » aux autres; au contraire, selon moi, l'é- » tendue est un motif de plus, qui me jus- » tifie. Sache qu'il n'y a que la liberté en- » tière du commerce qui rende les peuples ri- » ches. » — Nos principes s'accordent. Sans doute un souverain, puissant ou faible, s'il est éclairé, perspicace, habile, ami de son peuple, doit encourager, par tous les moyens de sa sagesse, de son autorité, de son patrio- tisme, toutes les entreprises, sourire à toutes les hardiesses de spéculation, aider à tous les développemens, presser toutes les percep- tions industrielles, accorder des primes, et même avancer des fonds, selon l'importance des vues. — « A plus forte raison, reprit-il, » un gouvernement sage doit anéantir toutes » les entraves, aplanir toutes les difficultés, » trancher sur les incidens, afin de multiplier » les canaux qui doivent faire affluer dans » ses Etats l'abondance avec les richesses; bien- » tôt lui-même sera riche de mille ressources » imprévues. Qu'en penses-tu? » — C'est trop beau! répondis-je. Il faudrait pour cela un concert presque impraticable, surtout pour l'Europe, au point de prétentions où elle se trouve; mais ce qui serait du moins possible, ce qui importe plus que jamais dans l'état actuel des choses, c'est d'attacher l'attention principale à la répression du monopole, à la réduction des exportations et des importations immodérées de certains articles. — « Mais quels moyens proposerais-» tu? » — Les règles à observer à cet effet, consistent à entretenir, d'une part, les diverses denrées dans les rapports des consommations habituelles du peuple; de l'autre, l'équilibre dans la circulation des espèces qui ne sont qu'un signe de convention représentatif des véritables richesses; car il n'y a nul doute que cet équilibre cesserait, si l'importation excédait la mesure des besoins; le surplus serait un bien inutile, tandis qu'il priverait, par la soustraction du numéraire, des moyens qui activent les échanges et ouvrent la voie à tous les genres de spéculations. Chacun sait ce qui arriverait dans l'autre hypothèse... Voilà, je pense, le point raisonnable où il convient de s'arrêter. — « Eh! qu'on ne me dise pas, reprit-il, que, si » le fisc n'imposait jusqu'à l'air respirable, » l'Etat languirait; qu'il serait atteint jus- » qu'en ses fondemens, et que les impôts » sont les veines du sang politique. Inven- » tions infernales.... Conceptions barbares... » Pensées illibérales! Mais ce n'est pas encore » de cela dont je m'occuperais le plus : il ne » s'agit pas tant des droits que des entraves; » car tout doit avoir sa juste mesure. Voilà » précisément la pierre de touche. Voilà le » terme véritable de la sagesse du prince et » de son conseil... Mais c'est un chaos inex- » tricable; c'est une énigme bien autrement » obscure que celle du sphinx. Dans tous les » cas, je terminerai toujours par le grand et » naturel principe de la liberté des mers. »

Partant de ce sentiment généreux, le prélat s'étendit sur mille considérations générales dans lesquelles nous nous trouvâmes parfaitement à l'unisson, mais dont le détail nous écarterait trop de mon sujet. Je ramenai donc l'entretien sur ce qui concernait spécialement le Montenegro. Voici ce que je pus recueillir.

Le Montenegro, eu égard à son étendue, a peu de terrain mis en œuvre. Il n'a ni manufactures, ni établissemens qui produisent des objets susceptibles d'échanges ; il a par conséquent peu de moyens d'exportation, donc peu d'importation sous ces rapports. Cependant ce peuple est en général bien vêtu ; il se nourrit bien, et il y a très peu de ses habitans qui n'ait à sa disposition quelques avances plus ou moins importantes. Vous n'y verrez jamais un mendiant ; jamais vous n'y verrez ni homme, ni femme, couverts d'habits en lambeaux. — Il ne doit cet état d'aisance, ou plutôt prospère, relativement à sa position, qu'à la liberté exacte de son petit trafic.

Sa principale richesse étant dans ses nombreux troupeaux, c'est aussi sa principale branche de commerce ; mais dans toutes, il s'y livre avec une sécurité qu'inspire la protection la plus entière et la plus honorable.

Il s'exporte annuellement, par le canal de

Cattaro, au moins cent quinze mille moutons et vingt mille chèvres. C'est de cette place qu'ils sont transportés à Venise, où s'en fait le plus grand commerce, non-seulement pour la consommation locale, mais pour les approvisionnemens maritimes, et pour les armateurs particuliers; ce qui produit environ 3,625,000 livres pesant, pour le commerce de transit annuel. On nomme leur chair salée et préparée, *castradina*.

Quand cette salaison a bien réussi, elle se conserve long-temps; c'est un assez bon manger quand on ne la laisse pas trop vieillir. Le mois de septembre est l'époque à laquelle cette préparation commence; mais celle qui a lieu les mois suivans est beaucoup plus certaine et d'une qualité bien au-dessus.

Des quantités considérables de laine, de peaux, de graisse, se débitent en partie dans la province même de Cattaro; le reste se consomme au loin.

Il s'exporte aussi pour les approvisionnemens de mer, environ 600,000 livres pesant de fromages qui, quoique généralement trop secs, parce qu'ils en extraient trop les parties buttireuses, ne laissent pas que d'être bons par un procédé de préparation dont ils font un grand mystère, et que j'ai vainement essayé de leur surprendre.

Les rivières de la Schinizza et de la Ricowezernowich abondent en poissons de toutes les espèces qui remontent du lac de Scutari. Cet objet est pour les Monténégrins un article important de commerce.

Ils vendent aussi quelques bœufs et mulets; mais c'est une partie de peu d'importance.

Voilà pour le commerce en gros. Il en est encore un de détail qui rapporte beaucoup, parce qu'il est journalier. Il consiste en bois de chauffage, charbon, fruits, maïs, miel, cire, veaux, agneaux, beurre, fromages frais, œufs, gibier de toute espèce; une infinité de volatiles qui attirent chaque jour la curiosité; des légumes frais, parmi lesquels on remarque les choux et les pommes de terre, pour leur grosseur extraordinaire; beaucoup de haricots, des pois, frais et secs, des oignons, des échalotes et de l'ail.

Les lieux principaux avec lesquels les Monténégrins ont des relations immédiates sont : Cattaro, Risano, Dobrota, Perasto, Budua, Pastrowichio; quelquefois même Castel-Nuovo et Raguse, selon le bruit de certaines expéditions, ou le départ de quelque convoi de l'une de ces places.

Ils trafiquent aussi avec les Morlaques, fréquentent les marchés de Nixich dans l'Herzegowine, et selon les temps et la politique du moment, ils se montrent aux marchés de Xabiak, l'un des plus considérables de l'Albanie Turque.

Les femmes sont spécialement chargées, pendant tout le cours de l'année, de porter et de fournir aux marchés qui se tiennent à Cemaïch près la porte de Cattaro. Elles y arrivent avec des fardeaux sous lesquels elles marchent courbées, et qu'un de nos vigoureux campagnards pourrait porter à peine une heure, tandis qu'elles descendent de ces hautes montagnes avec une agilité surprenante.

Il est curieux de voir, sur toutes choses,

la manière dont quelques unes arrivent jusqu'au bas de la montagne, cédant au poids, d'une part, et de l'autre, ayant à surveiller quatre à cinq mulets chargés de denrées. En certains passages rapides sur le roc sec, elles saisissent la queue du dernier mulet, l'entortillent autour de leur bras, et se roidissant, s'inclinent en arrière, se laissent aller à l'impulsion sans mouvement déterminé de leur part, et glissent simultanément avec l'animal qui semble dressé à ce singulier manége. Le plus surprenant, c'est qu'on n'a point encore eu d'exemple d'aucun fâcheux accident.

Si les arts étaient plus avancés au Montenegro, on pourrait tirer un grand parti du bois de futaie qui y périt partout de vétusté, occupant sans utilité la place de jeunes arbres qu'on devrait leur substituer. Il suffirait de pratiquer quelques chemins jusqu'aux rivières; ils trouveraient, par ce moyen, la source d'un débouché précieux par le lac de Scutari, pour des exportations lointaines; pour cela, il leur conviendrait aussi de se maintenir dans des relations plus amicales avec les Turcs d'Albanie.

Mais la population, et peut-être plus, la politique de ceux qui la gouvernent, leur fait envisager comme avantageux, de borner l'industrie des habitans aux habitudes journalières sans rien innover; peut-être encore appréhende-t-on que les travaux à faire aux rivières pour en faciliter la navigation, n'offrent les moyens de pénétrer aisément au centre du pays.

Quoi qu'il en soit, il est déplorable de voir ce peuple sans aucune vue, sans aucun genre d'émulation; tandis que, considérés individuellement, les *hommes* y sont propres à toutes sortes d'impulsions.

Au retour des marchés qu'ils ont fournis, ils emportent chez eux, soit par achats en numéraire, soit par échange, les différens effets, étoffes, toiles et autres articles de mercerie qui leur manquent.

Leurs transactions se font en sequins de Venise, piastres turques et de Raguse. Ce peuple n'eut jamais aucune sorte de monnaie nationale, et ne s'en occupe pas.

Son commerce est facile et loyal ; aucune circonstance ne devient, pour les Monténégrins, un prétexte de retard ou de refus, dans les obligations qu'il a contractées, et plus particulièrement quand il s'agit d'un étranger. Comme ils ne savent point écrire, ils s'engagent verbalement en mettant une main sur leur poitrine, et donnant l'autre à la partie contractante.

Dans le temps de nos divisions, malgré l'esprit de parti qui faisait suspendre les payemens, plusieurs d'entre eux, obligés envers quelques provinciaux du Cattaro, remplissaient leurs engagemens aux époques déterminées, sans avoir égard à la difficulté de pénétrer dans la province ou dans les places ; souvent ils trouvaient moyen de s'acquitter, soit en chargeant quelqu'un qui aurait eu occasion d'aller dans leur pays, soit en se montrant, au jour fixe, sur des points d'où ils pouvaient être vus et entendus. Quand ils y étaient parvenus, ils chargeaient la personne d'avertir leur partie. Il est souvent arrivé qu'ayant des affaires avec quelques habitans de Dobrota, qui est immédiatement sous Montenegro, d'où l'on peut se communiquer par des sentiers bien difficiles, néanmoins ils les appelaient. Aussitôt qu'on avait témoigné les avoir compris, ils montraient une bourse, la déposaient avec une marque bien apparente, et se retiraient; la partie allait la chercher; il n'y manquait pas un sol.

Oh! combien ce peuple, *si barbare*, dit-on, *si féroce*, diffère de quelques prétendus négocians qui, sous un grand étalage, ne sont que de misérables courtiers, dont l'industrieux talent consiste à duper tout ce qui les environne, et dont le résultat altère trop souvent la confiance due à un corps aussi respectable qu'il est précieux aux Etats.

On voit quelques Monténégrins ne pas circonscrire leurs relations commerciales aux bouches de Cattaro; ils en ont quelquefois de très étendues. Les uns forment des associations avec des armateurs de l'intérieur du canal; d'autres ont en propriété des bâtimens en mer, et font le commerce immédiat de la Méditerranée; quelques uns aussi ont osé entreprendre des voyages de long cours, et ont réussi.

Les Monténégrins font encore un trafic de pâturages, sans bourse délier. Dans leurs rapports avec leurs voisins, ils ont eu soin de ménager un arrangement qui équilibre les intérêts des deux pays.

Pendant l'été, les chaleurs excessives arrêtent la végétation dans la province de Cattaro, à tel point que les prairies et les communaux n'offrent plus qu'une surface aride et calcinée. Les Monténégrins ont consenti à recevoir dans leurs montagnes, les troupeaux des territoires de Pastrowichio et de Budua, ceux des comtés de Tuscovich, Lazarovich, Gluibanovich, Téodo et Cattaro.

A leur tour, pendant la durée des froids rigoureux de leurs montagnes, ne pouvant faire refluer tous leurs troupeaux sur les points propices de leur pays, où leur nombre excéderait la proportion des pâturages, tous les riverains les envoient dans les territoires désignés, de la province de Cattaro.

Par ce moyen, les peuples procurent à leurs troupeaux, pendant toute l'année, une nourriture fraîche, saine et abondante; les besoins naturels qu'ont ces deux contrées l'une de l'autre sont d'une majeure importance, puisque, dans cette espèce, résident leurs plus grands intérêts; aussi est-ce un motif puissant qui, plus d'une fois, a empêché la désunion entre elles, ou l'a bientôt fait cesser.

C'est cet arrangement qui a donné lieu à quelques personnes mal informées, de dire que les Cattarins abandonnaient aux Monténégrins leurs pâturages, sans avoir la force de les en empêcher. C'est une grande erreur. Il est bien certain que les Monténégrins n'usent de cet avantage que par compensation volontaire, et toujours tête par tête.

Malgré moi, je dois parler encore d'un objet de commerce illicite. Ennemis constans et irréconciliables des Turcs, toutes les combinaisons des Monténégrins se tournent vers les moyens qu'ils emploieront avec succès pour leur enlever leurs bestiaux et les effets mobiles ; ils partent par gros détachemens, simulent des attaques sur plusieurs points, montrent de la tenacité sur un seul, jusqu'à ce que les Turcs s'y portent en nombre, en dégarnissant les autres. Alors informés par leurs vedettes, de ces mouvemens, ils font une incursion rapide, et enlèvent par la violence, tout ce qu'ils trouvent à leur gré, notamment de nombreux bestiaux, qu'ils couvrent en se battant dans leur retraite, jusqu'au plus prochain défilé, à la garde duquel peu d'hommes suffisent.

Souvent même ils poussent l'audace jusqu'à former de semblables desseins sur la province de Cattaro, quelque protégée qu'elle puisse être par une grande puissance ; mais rarement ils jouissent de leurs attentats ; les habitans de *Risano*, de *Dobrota*, *Scagliari*, *Spigliari*, qui sont les plus exposés, sont des gens de cœur, à qui nul adversaire n'en peut jamais imposer, quand ils ne sont pas contenus par quelques dispositions du gouvernement. Sous ce rapport, il n'y a pas de voisins plus capables d'être opposés avec succès aux Monténégrins, qu'ils dédaignent plus qu'ils ne les craignent.

Ces Monténégrins voleurs usent, pour le débit de ces enlèvemens, de la même sécurité qu'inspirerait la possession d'objets légitimement acquis; loin d'en faire mystère, ils s'en font un mérite. Ils frètent des bâtimens, connus sous le nom *de Trabacolo*, destinés spécialement pour l'Adriatique; ils les chargent de ces marchandises, qu'ils expédient pour leur compte, dans les différens ports.

Il est bien étonnant, sans doute, et plus humiliant encore, que de telles spéculations, des calculs aussi criminels, des violences aussi ouvertes, se reproduisent sous un gouvernement chrétien, au sein de l'Europe civilisée, au dix-neuvième siècle!

Cependant cet étonnement doit cesser en partie, en considérant qu'il n'existe aucune loi écrite, aucun code accrédité sur ces matières. Le Monténégrin, laissé à sa propre impulsion, et convaincu qu'il lui est permis, qu'il est même bon et légitime de faire à ses voisins les Turcs autant de mal qu'il le pourra, use de cette faculté sans scrupule et sans remords. Toute son attention consiste à ne pas se laisser dépouiller lui-même par les pirates mahométans. Tout est de bonne guerre et de bonne prise. Jamais il ne passera par la tête d'un prêtre de refuser l'absolution à un homme qui viendrait s'accuser d'avoir volé un Turc; il tendra plutôt la main pour en recevoir sa part. Il se souviendra à point nommé de ce mot si commode de la Bible : *Partageons les dépouilles*. Heureux encore, si appuyé de l'exemple des prêtres de l'ancienne loi, il ne prend pas tout pour lui !

La preuve que le peuple du Montenegro est loin de regarder comme de mauvaises actions les pirateries, les invasions, les vols à force ouverte, ou simplement par ruse, qu'ils commettent envers leurs voisins, censés ennemis, quoiqu'ils ne soient pas en guerre actuelle, c'est qu'à tous autres égards ils sont les plus scrupuleux et les plus remplis de bonne foi dans toutes leurs affaires privées, surtout dans leurs engagemens, dont rien d'écrit, ni d'authentique, ne vient leur rappeler l'époque ou la sainteté. Mais c'est ainsi qu'est fait en général l'homme de la nature, si injustement calomnié!

CHAPITRE IX.

Sciences et Arts. — Langue. — Poésie. — Métiers. — Professions.

Quoique j'aie bien peu de choses à dire à ce sujet, relativement aux Monténégrins, ce chapitre est bien loin cependant d'être inutile. En assignant les diverses causes qui s'opposent à la culture et au progrès de l'esprit humain, je n'ai pas l'orgueil de donner des leçons aux peuples, ni à ceux qui les gouvernent; mon but est seulement d'ajouter aux traits par lesquels on peut mieux reconnaître le caractère et le génie du peuple monténégrin. Voici les notions que j'ai pu acquérir sur cette matière.

Les sciences et les arts prospèrent ordinairement à la faveur des lois et des traités; mais surtout à l'ombre tutélaire d'une paix durable, qui donne la quiétude aux esprits, le temps aux études, et l'élan au génie.

Les langues étant les agens immédiats, actifs et sensibles de la pensée, de même que les caractères en sont les signes visibles, on ne peut disconvenir du degré d'influence rapide qu'ont ces deux moyens sur les progrès de la civilisation.

Ces principes, vrais en général, se trouvent en quelque sorte en contradiction avec la langue illyrienne. C'est, pour les peuples nombreux qui la parlent, un malheur dont la cause est plus facile à assigner que le remède.

La langue illyrienne est un dialecte du grec, quoique quelques uns prétendent que c'est l'esclavon ou l'ancien sarmate. Elle est, à la fois, riche et laconique, énergique et harmonieuse. Elle sied également dans la bouche des deux sexes, et s'emploie aussi heureusement à chanter les douceurs de l'amour, que les hauts faits et les sanglans trophées de Mars. Elle réunit le nombre à la mesure; elle est sonore, noble, oratoire, véhémente; c'est, au fait, le langage des héros.

S'il est permis de lui supposer quelque stérilité, c'est en ce qui concerne les arts et les sciences qui, étant tombés dans l'oubli, ont entraîné dans leur désuétude les termes propres à leur culture.

Il paraîtrait évident que, lorsqu'à la faculté de transmettre sa pensée par des sons agréables, des intonations bien cadencées et une accentuation facile, qui aide à la flexibilité des organes, et les met en rapport, se joint l'avantage de la peindre par des traits bien distincts, et qui se dessinent comme d'eux-mêmes, les sciences et les arts devraient avoir pris des accroissemens rapides, être à l'abri des outrages des révolutions, ou du moins, après quelques lacunes, s'élever du sein des ruines, et atteindre bientôt à plus de perfection.

Malheureusement tout ce qui a tenu à la Grèce, presque tous les peuples qui en ont conservé plus ou moins les mœurs et le langage, mais plus particulièrement les Monténégrins, sont tombés, à cet égard, dans une dégradation flétrissante. La plupart ne savent ni lire, ni écrire, ni calculer : aussi se servent-ils, pour faire leurs comptes, d'un bâton, sur lequel ils font des entailles. A l'extrémité la plus mince, sont marquées les unités et les dizaines, et à l'autre les centaines et les mille.

Un tel état de décadence n'a pas pour cause unique les grandes révolutions du monde qui atteignent tout, mais encore la coupable jalousie des peuples voisins entre eux, l'odieuse tyrannie des petits gouverneurs, et l'audace de quelques particuliers puissans qui ont toujours amené des troubles partiels.

Ainsi ce peuple a été réduit à l'abandon et à l'avilissement; car il n'ignore pas seulement l'histoire du monde, mais celle de son propre pays.

Voisins de la Macédoine, quelquefois les Monténégrins parlent d'Alexandre; mais aucun d'eux ne connaît l'histoire de ce grand capitaine; aucun d'eux ne sait où est le mont Athos, ni les lieux où le grand Pompée vit ensevelir sa gloire sous les lauriers de César. Pharsale, si voisine, n'exista jamais pour eux.

Le siècle brillant de Périclès, qui, malgré les fureurs de Cléon et les manœuvres des ennemis d'Athènes, remplit encore le monde de sa renommée, leur reste inconnu. Les hauts faits des Miltiade, des Thémistocle, n'y frappent point les oreilles; les vertus d'Aristide y sont ignorées, aussi bien que les théâtres divers de tant de gloires immortelles.

Le nom de Thucydide, celui même d'Hérodote, le coryphée de l'histoire, y sont échappés à la mémoire des moins grossiers. Platon et Socrate y sont tombés dans un déplorable oubli; et jusques aux portes d'Athènes, le mot d'Attique est encore une énigme pour eux. A peine y connaissent-ils le nom d'Homère.

Là, si, par hasard, on parle d'Apelles ou

de Phidias, c'est bien moins pour rendre hommage à leurs chefs-d'œuvres que pour avoir occasion de vanter la beauté de Campaspe (si l'on en sait le nom), ou d'exagérer le prix de la matière dont fut ciselée la statue de Minerve.

Les Monténégrins n'en prétendent pas moins que d'anciennes statues d'idoles, des débris d'antiques monumens, des trésors cachés, existent dans une ou plusieurs de leurs cavernes, dont les guides ont soin de tenir éloignés le peu de voyageurs qui osent pénétrer chez eux. Mais, quoi qu'ils en disent, aucune trace d'antiquité ne paraît nulle part, sauf une voie romaine; tout, au contraire, annonce l'affreux ravage des temps, le plus profond oubli des siècles écoulés, et la privation absolue des arts.

Toutefois, cet état n'est qu'une longue léthargie. Le génie national est toujours là, qui perce à travers le nuage qui le couvre. C'est l'instruction qui est négligée; le mode seul manque pour redonner l'élan. C'est le sort d'un diamant qui traîne, abandonné sur une arène déserte ; il ne faudrait qu'un lapidaire habile pour lui donner tout son éclat.

Mais que dire de plus? Aucune école publique ni privée n'est établie pour aucun genre d'enseignement. Aucune sorte de métiers, aucun art, ne sont en honneur au Montenegro. Les instrumens aratoires attestent les temps les plus barbares ; ils présentent encore les formes primitives de leur origine ; et l'on reste affligé, en apprenant que personne ne songe à aucun perfectionnement, ni à seconder les desseins du Wladika.

Toutes les étoffes y sont d'un travail grossier, auquel on emploie le poil de *chèvre* sans préparations préliminaires, ce qui leur donne une rudesse, une épaisseur et un poids très incommodes. Les femmes elles-mêmes n'ont pas encore perfectionné l'art des Noëmi ; leur filature est toute sauvage. Le premier bâton rencontré sous la main leur sert de quenouille. L'on ne connaît chez eux ni boulangers, ni bouchers, ni menuisiers, ni serruriers; chacun taille ses habits, fait ses chaussures, auxquelles ils destinent leurs peaux de chèvres, sans autre préparation qu'un peu de sel marin. En un mot, chacun fait tout par soi-même.

Quant aux beaux-arts, il n'y a rien à en dire. Toutes les peintures consistent en mauvais tableaux, représentant le Christ, la Vierge et les apôtres; des miracles et des scènes de l'enfer, où toutes les extravagances d'une imagination délirante sont confusément entassées; tous, sans exception, sont grossièrement peints sur planches, de même dimension; de sorte que ceux de toutes les églises se ressemblent. Rien ne cause plus de surprise, que d'y voir travailler des hommes qui n'ont aucune idée du dessin, et qui s'y livrent comme ferait un ouvrier maçon à transporter des terres, ou à fendre du bois. Aussi tout ce qui sort de leurs mains est si mal entendu, si burlesquement groupé, tracé, si gauchement *barbouillé*, qu'il présente un assemblage grotesque dont les disproportions, les discordances et le désordre sont repoussans.

Dans la plupart de ces croûtes sur bois (et l'on n'en trouve pas d'autres), les bras, les mains, semblent accrochés à des mannequins; les yeux sont des ronds épouvantables; les nez sont coupés à angles droits; les bouches ne sont que des fentes horizontales; enfin la pose en général des sujets est plus capable d'exciter le rire ou le dégoût, que la dévotion ou le moindre sentiment religieux.

Il est possible que, depuis nous, ils aient un peu perfectionné l'art de la peinture, mais cela n'est pas vraisemblable; car qui voudrait, qui pourrait même aller là, pour leur donner quelques leçons de dessin ?

Les Monténégrins ne connaissent pas encore la musique écrite, quoique leurs livres de liturgie offrent quelques parties de plain-chant, réservé aux seuls prêtres. Tous les airs qu'ils chantent se sont transmis par tradition orale. Ils en ont quelques uns d'un caractère particulier; tel est celui que je rapporte en exemple du genre pastoral.

Les progrès qu'ont fait, depuis quelques années, les Monténégrins, sous l'épiscopat actuel de *Pierre Petrowich*, prouvent ce que j'avance ici; ils ont beaucoup gagné dans tous les genres. Qu'on juge de ce qu'ils devaient être auparavant! Ils manquaient de volonté d'une part, ils étaient contenus par celle des prêtres de l'autre; puisqu'il est remarquable que tous les indigènes qui ont voyagé, se sont distingués par des connaissances, acquises loin de leur système oppresseur.

Toutefois, ils ont une propension bien marquée pour le chant; quoiqu'ils n'y réussissent pas, ils y sont entraînés comme par enchantement. Nulle part les échos ne sont plus multipliés. On aime à entendre ses propres accens, devenus en quelque sorte harmoniques, par la répercussion des cavités, et modifiés par les distances; on se plait alors à soi-même. Il n'est aucun homme qui, sans être un observateur méthodique, n'ait fait plusieurs fois, dans le cours de sa vie, cette agréable épreuve.

Il n'est pas nécessaire sans doute de marcher toujours guidé par les règles, pour sentir et être heureux. La musique, d'ailleurs, n'est pas toute dans l'art, elle est bien plus dans la nature. Elle est aussi ancienne que le monde. Tout chante dans l'univers : l'homme heureux fredonne son bonheur; le malheureux lui-même semble y trouver du relâche dans l'excès de ses peines; l'enfance, la vieillesse, cèdent au charme des sons; la cabane du berger, les palais des rois, les temples, les bois, tout retentit des accens de l'homme. Les hordes sauvages, comme les sociétés civilisées, ont leurs hymnes, leurs danses, leur musique.

Les vices organiques eux-mêmes ne répriment pas le besoin de chanter. Les plus discordans s'écoutent, se complaisent dans leurs écarts, et paraissent contens de leur voix glapissante.

Mais les Monténégrins ne sont point pardonnables de ne pas tirer meilleur parti d'eux-mêmes; avec des voix libres, fermes, sonores, ils n'ont qu'une exécution monotone. Ce sont des cadences, des tremblemens infinis; des ritournelles sans plan, sans suite raisonnée; des tenues à perte d'haleine, des transpositions bizarres, quoiqu'il s'y mêle, de temps en temps, quelques intonnations heureuses.

Ordinairement les chanteurs s'accompagnent eux-mêmes, ou se font accompagner du monocorde ou de la musette; plusieurs font usage de la flûte de Pan, dont ils tirent assez bon parti; c'est ce qu'ils font de mieux; du reste, ce sont là tous leurs instrumens.

Quoique sans instruction, les Monténégrins ont pourtant leur poésie. Elle roule principalement sur l'amour et sur les grands phénomènes de la nature; ils chantent les météores, les tremblemens de terre, les monstres, l'horreur des tempêtes. Presque toutes leurs idées sont figurées. Ce genre, dans lequel ils excellent, convient à un peuple qui, au milieu des préjugés modernes, a conservé tout l'enthousiasme des anciens Grecs.

Les femmes elles-mêmes y savent exprimer leurs sentimens et leurs passions en vers libres; j'en pourrais citer plusieurs morceaux; je me bornerai à une seule chanson, qui est regardée, dans ce pays, comme le chef-d'œuvre de la poésie monténégrine. C'est une sorte de complainte d'une amante, qui a perdu en même temps son père et son amant, et qui exprime la situation d'une âme fermée à jamais au bonheur. Incapable de goûter aucun repos, son inquiétude la fait errer la nuit. Une fois, s'étant rendue au sommet d'une montagne, avec son amie, au moment où l'aurore s'annonce, elle s'adresse ainsi à sa compagne :

Entends-tu le ramage,
Le doux chant des oiseaux,
Sur nos rians coteaux?
Exempts de tout orage,
Ils goûtent tour à tour
La tendresse et l'amour.
Au sein de sa famille,
Chacun d'eux qui sautille,
Au point du jour naissant,

Du sentiment
Offre un tableau touchant.

Dans toute la nature,
De leurs accens divers,
La mélodie pure
Forme d'heureux concerts.
Au dieu qui le créa chacun veut rendre hommage :
Leur chant est le présage,
Le garant des beaux jours,
Il fixe leurs retours.

D'une brillante aurore,
Vois, le ciel se décore
Des plus brillans *atours*....
Dans l'empire de Flore,
Qu'anime le zéphir,
Tout s'apprête à jouir
Du feu qui le colore;
Chacune épanouit son cœur
Aux sympathiques traits de l'astre créateur
Qui lui donna la vie.
Ah! quand d'un tel bonheur,
La source, pour moi seule, à jamais est tarie,
Que le sort d'un roseau, que le sort d'une fleur,
Dans mon sensible cœur doit exciter l'envie?...

Cette traduction est absolument littérale,

et le lecteur indulgent voudra bien concevoir que, n'ayant pas voulu m'écarter, le moins du monde, du texte, il y a eu quelque difficulté pour s'assujettir au mode et à l'ordre des rimes. Du reste, cette petite pièce lyrique est, au Montenegro, dans toutes les bouches.

Les Monténégrins improvisent heureusement; ils sont même orateurs nés; ils faut les entendre dans leurs discussions politiques; dans les circonstances où leur réputation est intéressée, ou bien lorsqu'on veut déterminer quelques expéditions militaires. Leur éloquence est mâle, hardie, impétueuse, entraînante; il y a parmi eux des hommes étonnans.

Il n'y a chez eux ni auteurs, ni écrivains; aussi n'ont-ils point d'Aristarques, et ne sont-ils pas exposés à la honte de voir leur patrie soumise aux décisions de certains proxénètes qui, pour plaire au pouvoir, condamnent, contre leur conscience, les pensées des sages à être brûlées par les mains des bourreaux.

Un volume forme toute la bibliothèque nationale. C'est l'histoire du Montenegro, écrite en 1754, par un certain *Vassilia*, coadjuteur de l'évêque Sava Petrowich, imprimée en russe, et dédiée au grand-chancelier comte Woronzow. Mais on ne voit dans ce tissu indigeste et rempli de jactance, qu'un mélange absurde d'anecdotes antiques toutes également suspectes, d'histoires imaginées, de prétendus traits de magnificence, et de très longs récits d'actions de valeur des habitans du pays; c'est ce qu'elle renferme de plus vraisemblable.

J'eus beaucoup à me louer, pendant mon séjour à l'abbaye de Cettigné, des attentions des moines; ils me recherchèrent avec empressement. Chacun d'eux regardait comme une faveur de m'avoir chez lui; et se disputait l'avantage de me donner quelques renseignemens utiles, de me montrer les grottes, les cascades, les sites remarquables.

Néanmoins il fallait songer à mon départ, et j'en donnai l'ordre, le soir même de mon entretien sur les arts, pour le lendemain à midi.

Outre les compositions nationales que les Monténégrins chantent et qu'ils conservent par tradition, ils ont adopté les poésies écrites de quelques Ragusains, qu'ils se font réciter, et qu'ils apprennent facilement.

Les Ragusains sont les régulateurs des contrées voisines; ils mériteraient de jouer un rôle important sur un plus grand théâtre. En effet, la république de Raguse est féconde en hommes instruits, on peut même dire savans. Toutes les familles patriciennes s'y distinguent par les plus profondes connaissances. Les établissemens d'instruction publique, et l'école de droit surtout, y ont adopté un mode d'enseignement qui se remarque par les plus honorables succès. Les grands du pays n'y sont pas élevés comme ceux de tant d'autres Etats, où il semble qu'on ait pris à tâche de ne leur enseigner que des règles de prétention, de ridicule et de vanité.

Le clergé de Raguse est savant, mais non de la science du sophisme; il réunit à cet honorable avantage, celui d'une conduite vraiment exemplaire; et surtout il tient à honneur de s'abstenir de toute intervention dans les affaires de gouvernement.

Les citoyens de l'état de Raguse sont généralement polis, hospitaliers, et de mœurs très douces. C'est un peuple estimable. Enfin cette petite république, malgré quelques préventions locales, jouit d'une grande considération auprès de tout ce qui l'environne.

CHAPITRE X.

De la Zante supérieure. — Guerre avec Ali, Pacha de Janina.

Jusqu'alors je n'avais entendu parler de la Zante supérieure que d'une manière bien vague, tant sous le rapport de sa situation, que de ses droits politiques. Quoique je n'eusse point le dessein de parcourir cette contrée, je savais apprécier assez les avantages de sa proximité, pour me flatter d'y acquérir quelques détails essentiels sur cette partie; elle a d'ailleurs trop de relations intimes avec le peuple du Montenegro, pour rester indifférent sur les notions qu'il m'était facile de recueillir à la source.

Une fois les dispositions faites pour mon départ, je mis à profit le restant de la soirée, pour me procurer tous les renseignemens que je pouvais désirer. Voici ce que j'appris de l'evêque lui-même, et de quelques personnes de sa suite, très recommandables.

Sous la dénomination de Zante supérieure, selon les prétentions des Monténégrins, il faut comprendre l'étendue de pays renfermée dans la ligne du Castratico, qui se jette dans le lac Othi, la chaîne de montagnes, connue sous le nom de *monts Vistori*, et qui, de là, continue au nord jusqu'à Drobgnace, où la Moraka la sépare, dans tout son cours, jusqu'à Scutari, de l'ancien territoire du Montenegro.

A entendre les Monténégrins, tout ce territoire fait partie intégrante de leur Etat; ils vont même jusqu'à y comprendre la Zante inférieure, qui touche aux portes de Scutari.

En invoquant d'anciens titres de possession, ils remontent jusqu'à la fin du quinzième siècle, sous les Czernowitz; s'ils parlent des nouveaux, ils énumèrent mille faits tous plus extraordinaires les uns que les autres; ils rappellent les affaires de 1785 et 1795 contre Mamouth Busaklia; et dans le délire de l'orgueil national, ils s'arrêtent avec complaisance à l'affaire du 22 septembre 1794, contre Ali, pacha de Janina.

Dans cette journée, véritablement mémorable, on vit une armée de soixante-dix mille hommes complétement battue par quelques milliers de Monténégrins. Vingt-six mille Musulmans restèrent sur le champ de bataille; le plus grand nombre ayant pris la fuite, Ali n'en put rallier le lendemain que quatre mille; tandis que les Monténégrins, enhardis par une telle victoire, rendirent la défaite d'Ali plus humiliante, en le poursuivant jusqu'en Albanie.

Ce superbe pacha, si célèbre dans toutes les contrées de l'orient par sa politique astucieuse, par d'immenses richesses et un accroissement de puissance tellement incroyable, qu'il dictait des lois en despote absolu, depuis les frontières de la Romélie jusqu'en Morée, à la tête de cent mille hommes; cet homme qui disputait de faste avec son maître, qu'il fit trembler plus d'une fois, jusque dans le fond de son sérail, fut lui-même réduit à la fuite, par une peuplade que, quelques jours auparavant, il avait osé dédaigner, et ne se croyait plus en sûreté que dans l'Epire.

Cette circonstance, à la vérité la plus relevée de l'histoire des Monténégrins, augmenta leurs prétentions, en leur donnant d'eux-mêmes une idée plus avantageuse. Les témoignages d'estime qu'ils reçurent de tous les peuples voisins qui applaudissaient sincèrement à la honte d'un horrible tyran, ne contribuèrent pas peu à les mainten'r dans cette opinion, et ils furent regardés comme les prochains libérateurs de toutes les contrées environnantes.

Cette affaire fut d'une très grande importance par elle-même; elle a été conduite avec tant de prudence, de force et d'activité, qu'elle est devenue un point intéressant de l'histoire des peuples combattant pour la liberté. Tous les genres de sacrifice ont tellement marqué le caractère du peuple de Montenegro; tous les exemples de dévouement à la patrie se sont tellement multipliés dans cette honorable et heureuse circonstance, que j'ai cru que le récit de cet événement, en ajoutant au développement des traits par lesquels j'ai peint les Monténégrins, présenterait aux peuples apathiques, aux hommes tièdes sur les intérêts publics, des leçons importantes, en indiquant les voies efficaces par lesquelles on peut assurer son indépendance.

Les Monténégrins n'ont pas secoué le joug de la Porte Ottomane par de vagues discours ou par des opinions. Comme ils n'offrent pas le scandale déshonorant de deux peuples divers au sein d'une même patrie; comme, à ce nom sacré, pour tout homme d'honneur, ils n'éprouvent qu'une pensée, celle de la défendre, *envers et contre tous*, ils n'ont qu'un point de ralliement; ce point est l'ennemi. Ils n'ont qu'un objet, *la patrie*. Chez eux, ce mot ne se proclame pas en vain; point de terme moyen avec eux. Vaincre ou mourir pour la patrie. Voilà le sentiment où toutes les âmes puisent cet ascendant sublime qui enfante les actions les plus héroïques; voilà la source sacrée où tous les peuples puiseront, tôt ou tard, les moyens de mettre en défaut les artifices du despotisme.

L'histoire que je vais retracer rapidement, va montrer avec évidence que ni l'appareil fastueux, ni les titres, ni la renommée, ni les menaces des tyrans, ni le nombre de leurs esclaves, ne sont pas de solides garans de leurs entreprises. Une peuplade, qui ne compte que sur elle-même, mais au moins qui compte sur tous les braves qui la composent, ose tout pour son indépendance. Rien ne coûte à l'homme qui ne sent le prix de l'existence que dans l'exercice de sa liberté naturelle, que dans la jouissance de sa liberté civile, dans la défense de ses droits politiques, de sa religion et des usages nationaux.

Les résultats de la journée du 22 septembre 1798, marquèrent l'heureuse époque où les Monténégrins purent se déclarer indépendans.

Malgré des tentatives ultérieures, de la part des despotes qui se sont succédés, depuis ce grand événement, dans l'Albanie occidentale; malgré des prétentions toujours renouvelées, les armes à la main, les Monténégrins, forts de leur propre exemple, ont persévéré dans leurs moyens de défense; ils ont laissé se multiplier toutes les prétentions, et ont toujours répondu à tous les pachas, en portant la mort dans leurs rangs.

Il est vrai : un chef habile, d'un patriotisme éclairé, malheureusement trop rare chez les princes; un chef que peut-être ce noble sentiment égara quelquefois dans ses prétentions politiques; un chef aussi fier qu'intrépide, marche en personne à la tête de son peuple, et dicte lui-même, par ses actions, l'histoire que je transmets.

Ali, pacha de Janina en Epire, est célèbre dans presque toutes les contrées de l'orient. C'est à sa politique, à ses richesses, à ses forces qu'il a dû l'accroissement successif de sa puissance, qui ne connaissait plus de bornes. Il dictait ses lois à de vastes provinces, ainsi que nous l'avons dit ci-dessus.

Son armée était composée d'Albanais, les meilleures troupes de l'empire turc.

Il était parvenu à faire trembler le grand-seigneur lui-même sur son trône. Le maître superbe de la Macédoine, de l'Epire, de l'Albanie, avait excité les craintes les plus vives à Constantinople; mais persuadé que la rigueur ne servirait qu'à enflammer sa fureur et son ambition, et qu'en proclamant hautement son indépendance, ce pacha parviendrait, peut-être, à porter les horreurs de la guerre civile jusqu'aux portes de l'immense capitale, le divan jugea plus convenable d'employer, à l'égard du despote pacha, les voies de la conciliation, les seules appropriées à la faiblesse de l'empire ottoman.

Ali pacha fut donc comblé d'honneurs et de présens; on le confirma dans ses droits et ses dignités. Dès ce moment, il parut calme, gouverna ses Etats en roi indépendant, et considéra le tribut annuel qu'il envoyait au grand-seigneur, comme un hommage volontaire rendu au chef des vrais croyans.

Il vécut ainsi, pendant plusieurs années, dans le faste oriental, sans toutefois perdre de vue l'administration et la police de ses États. Toutes les révoltes étaient étouffées dans leur germe, et les bandes de brigands dispersées plutôt par l'éclat de son nom que par la force des armes.

Des essaims de poëtes se disputaient l'honneur de chanter ses exploits, dans les langues principales de l'orient. Ils remplissaient leurs stances des plus basses adulations.

Cependant Ali pacha n'était au fond qu'un fourbe consommé, affectant le plus grand amour de la justice. Il se rendait, chaque jour, au bazar de Janina. Là, couché sur un divan magnifique, surmonté d'un dais de la plus grande richesse, il jugeait toutes les affaires qui lui étaient soumises. Il le faisait avec une dignité imposante, quoique, dans ces occasions, Ali parût dans un costume très simple; mais ses courtisans et ses gardes nombreux étaient couverts d'or et de diamans.

Riches ou pauvres, musulmans ou chrétiens; chacun abordait librement son tribunal; et la sentence était exécutée sur-le-champ, sans distinction de personnes ni de croyance.

Enfin, Ali était le plus heureux des mortels, s'il est possible qu'un tyran soit heureux. Tout le monde tremblait à sa voix; on cherchait à lire avec la plus grande inquiétude dans ses regards, s'ils étaient favorables ou non. Rien ne pouvait être comparable à la crainte de déplaire à ce despote tout puissant.

Une circonstance, en apparence peu importante, devait faire connaître à ce prétendu demi-dieu que son pouvoir n'était pas sans bornes, et donner une leçon éclatante à celui qui, ébloui par le faste et l'adulation, voulait se donner le nom d'*invincible*.

Ali avait insensiblement reculé les limites de son pachalick jusqu'aux frontières de la Dalmatie.

Le Montenegro, chaîne de hautes montagnes, fort âpres, s'étendant du sud au nord, et séparant le pays des *Arnautes* de la Bosnie et de la Dalmatie, faisait partie de ce pachalick.

La population du Montenegro ne s'élève pas au delà de soixante mille âmes; les hommes, grands et robustes, y sont aussi sauvages que la nature qui les entoure, ainsi que nous l'avons dit dès le commencement de cet ouvrage. Peu sensibles à l'intempérie des saisons, ils bravent tous les dangers, et supportent avec constance toutes les vicissitudes de la vie. Semblables à tous les autres habitans des montagnes, ils ont un penchant irrésistible pour la liberté. L'amour de la patrie les rend capables des plus grands sacrifices. La civilisation de l'Europe moderne n'a pas pénétré jusqu'à eux; aussi vivent-ils dans une espèce d'état de nature peu modifié.

Mais comment des mœurs plus douces pourraient-elles s'introduire chez un peuple, n'ayant que les uniques ressources de son sol, et qui regarde comme un avantage inappréciable de vivre séparé du reste de la terre, de ne suivre d'autres règles que les coutumes de ses pères? Leur caractère féroce et insensible porte souvent les Monténégrins aux plus grands excès. Au lieu d'habiter dans des villes ou des villages, chaque famille demeure de préférence dans une cabane séparée, isolée au centre de leurs propriétés.

Cette peuplade a beaucoup plus de superstition que les Grecs et les Russes. Elle n'a produit aucun écrivain; sa littérature consiste en quelques chants nationaux, transmis par tradition. Les ouvrages imprimés qu'on y trouve se bornent à des livres d'églises, publiés en Russie et à Venise.

Indomptables quand il s'agit de les soumettre au joug social, ils se laissent conduire aveuglément par leurs prêtres; et une fois égarés par le fanatisme, ils en deviennent souvent les victimes.

Telle est l'esquisse abrégée de ce peuple qui, lésé dans tous ses droits par la domination toujours croissante d'Ali, prit la résolution héroïque de les défendre les armes à la main, s'il ne lui restait plus d'autre moyen de sauver l'honneur national.

Des députés monténégrins s'étant rendus à Janina, exposèrent une longue série de plaintes devant le divan du pacha; déclarant qu'en cas de refus, ils étaient résolus aux plus grands sacrifices pour défendre les droits et priviléges accordés jadis.

L'un des traits caractéristiques du peuple de ces montagnes, c'est la ressemblance de son caractère public avec les Scythes, dont l'antiquité nous vante la fierté noble, la franchise et le laconisme. Personne n'ignore la harangue, aussi courte que ferme, que les Scythes firent aux généraux de Darius, qui prétendait les subjuguer. Les Monténégrins se fussent exprimés de même à leur place; et lors de leur admission au conseil du pacha, ils n'épargnèrent aucune vérité à ses ministres; ils parlèrent avec l'assurance qui convient au bon droit, à la raison, et surtout aux sentimens d'une nation libre, qui ne souffre pas l'offense.

Ali, dévoré par une rage concentrée, feignit d'écouter ces députés avec calme. Les espions qu'il entretenait, à grands frais, dans Constantinople, l'avaient informé que la Porte ne négligeait aucun moyen pour le perdre; et que la plus grande prudence était nécessaire s'il voulait éviter les embûches de ses ennemis; il jugea donc convenable de conserver ses forces intactes en cas d'événement, et d'éviter de s'engager dans une lutte prématurée.

Peut être regardait-il le langage hardi des Monténégrins, comme l'ouvrage de la politique astucieuse de la cour de Constantinople, afin de faire opérer, par eux, une diversion qui pourrait devenir dangereuse pour lui; car il venait d'apprendre que la Porte avait ordonné des armemens dont le but lui était inconnu. Quoi qu'il en soit, il fut répondu aux envoyés monténégrins que l'intention du pacha était de leur délivrer un firman, confirmatif de leurs droits et priviléges.

Tous ceux, étrangers ou non, qui ont été

à même de traiter avec ce pacha, ont éprouvé non-seulement son despotisme indomptable, mais encore sa duplicité, son avarice, et son mépris de toutes les lois divines et humaines. Uniquement occupé des intérêts de sa puissance ou de son amour-propre, il a toujours sacrifié tout à ces deux passions. Malheur à qui se trouve en contact avec ce tyran farouche, qui est parvenu à se rendre redoutable même à son maître! Son ascendant n'a pas encore beaucoup diminué.

Les députés du Montenegro, rentrés dans leur pays, communiquèrent, en peu de temps, la joie dont ils étaient pénétrés...... Mais quelle illusion!

Le firman fut à la vérité expédié, mais en même temps des ordres secrets furent donnés aux commandans turcs de s'approcher insensiblement des débouchés du Montenegro, et de s'emparer de ce territoire par ruse ou par force. Les Monténégrins étaient bien loin d'appréhender les dangers dont leur patrie était menacée, quoique les commandans turcs se fussent déjà approchés, en vertu de leurs instructions secrètes. Leurs vexations se firent sentir aux Monténégrins ; mais ces derniers espéraient encore que bientôt ils jouiraient des avantages accordés par le firman.

Un seul d'entre les Monténégrins, doué d'une sagacité peu commune, avait pénétré les desseins d'Ali ; il vit le danger dans toute son étendue, et résolut de sauver sa patrie. Cet homme était l'évêque, le digne Wladika du Montenegro, dont l'âme, non moins fière ni moins irascible que celle du pacha, ne put se résoudre à plier sous les caprices du mahométan. Les fréquens voyages de l'évêque, un long séjour parmi les nations civilisées, avaient développé les dons précieux qu'il avait reçus de la nature. Par son assiduité et son application, il avait fait des progrès rapides dans les sciences et dans l'étude des langues.

Il débuta, pour préparer les Monténégrins à la lutte qu'ils auraient bientôt à soutenir, et par leur faire sentir que l'amour de la patrie ne pouvait avoir quelque prix qu'autant qu'on était prêt à tous les sacrifices qu'exige la cause commune. Son langage éloquent eut bientôt gagné tous les cœurs; et l'on n'hésita pas un instant à lui confier la direction de tous les intérêts, et à suivre tous ses ordres.

La république de Montenegro put être regardée, dès ce moment, comme une espèce de théocratie; les seuls membres du clergé étaient chargés de l'exécution des ordres supérieurs; il n'y avait que ce moyen pour faire agir dans l'intérêt général un peuple aussi grossier.

C'était principalement à ce but que le Wladika tendait, en secret, à parvenir. On pourrait même dire en ce sens que le pacha fut plutôt son ami que son antagoniste. Sans les dangers que cet imprudent musulman renouvelait sans cesse autour de l'évêque et des Monténégrins, il n'est pas prouvé que le prélat eût acquis autant de prépondérance sur ses indisciplinés montagnards.

Pleins de bravoure, et aigris au dernier point contre les Turcs, les hommes du Montenegro formaient une réunion guerrière, formidable par son audace; mais il leur fallait un chef auquel ils pussent avoir confiance. Une fois ce chef trouvé (et ce fut leur évêque), il ne fut plus difficile à ce dernier de perpétuer son pouvoir; il n'y a pas manqué.

Les Monténégrins sont familiarisés, dès l'enfance, avec l'usage des armes; les hommes, comme en Turquie, ne sortent qu'armés. Cette coutume n'est pas sans inconvénient chez un peuple aussi peu civilisé, et d'ailleurs très enclin au brigandage; mais aussi il en est résulté des dispositions guerrières propres à maintenir l'indépendance nationale. Aujourd'hui, il serait imprudent de défendre subitement le port d'armes à ces hommes. Les Autrichiens en ont fait l'expérience en Istrie, en Dalmatie et en Albanie, où la défense de porter les armes a donné lieu à une infinité de révoltes particulières.

Le prudent métropolitain du Montenegro, loin de réprimer le goût de son peuple pour les armes, encouragea, au contraire, l'exercice militaire. Il permit des combats simulés, propres à donner une idée exacte de tous les cas qui pourraient se présenter en raison des localités; tels que de fausses alertes, des surprises, des embuscades, accoutumant ainsi les Monténégrins à se porter promptement aux lieux des rassemblemens indiqués.

Rien ne prouve mieux la finesse et la profondeur des vues du prélat, que l'encouragement *personnel* qu'il donnait à ces simulacres de guerres, qui plaisent aux têtes vives et ardentes d'un peuple indépendant. Si leur évêque n'eût été qu'un prêtre dévot, toujours agenouillé au pied des autels, et se contentant de prier pour le succès des armes de ses gens, ils l'eussent révéré peut-être comme un saint, mais ils n'eussent pas eu grande confiance dans l'intervention de ses prières. Des guerriers veulent quelque chose de plus actif qu'un béat renfermé dans son temple. Josué ne dédaignait pas de combattre à la tête du peuple juif. Les Machabées marchaient en avant des colonnes hébraïques : le Wladika se trouva l'homme propre à suivre un tel exemple. Santé, force, valeur, élévation d'âme, courage personnel, tout s'est trouvé réuni chez lui. Les Monténégrins l'ont apprécié; ils lui ont accordé leur confiance entière, et n'ont point été trompés; ils ont passé sous son joug insensiblement; et, en résultat, ils sont charmés d'y être; car il les a vengés des Turcs; notamment dans leur querelle avec Ali pacha.

Le prélat, bien armé lui-même, était toujours à la tête de ses cohortes.

Pendant qu'on se livrait à ces exercices guerriers, des expéditions de mortiers, de bombes et autres attirails nécessaires à la guerre, arrivaient mystérieusement à Castel-Nuovo, d'où on les faisait parvenir, à dos de mulets, dans les montagnes. Des retranchemens, construits selon les dispositions du terrain, étaient élevés; ainsi tout se trouvait prêt à repousser la force par la force.

Quelques contestations survenues avec Mustapha aga, gouverneur ottoman en Albanie, au sujet de la démarcation des limites, fournirent aux Monténégrins l'occasion de donner une première preuve de leur valeur. Les négociations ayant été infructueuses, un corps turc s'avança pour pénétrer dans le Montenegro; aussitôt le tocsin appelle les montagnards à leurs postes. Les Turcs, attaqués de front, à revers, et en flanc, sont bientôt exterminés sur tous les points. L'évêque, au fort de la mêlée, en tue plusieurs de sa propre main.

La nouvelle de cette défaite arrive à la cour d'Ali avec la rapidité de l'éclair. « Ces » chiens de chrétiens, s'écria-t-il, ces misé» rables, ont osé résister aux vrais croyans! » Quel crime!... Tous les musulmans crient » vengeance. »

Cependant le pacha, courroucé, feint d'être mu par quelques sentimens de modération.

L'astuce de ce despote est encore une des armes les plus dangereuses qu'il sait employer contre ceux qu'il veut, d'une manière ou d'autre, subjuguer. On l'a vu même descendre jusqu'à la bassesse, quand il a jugé que cela était nécessaire pour arriver à ses fins; c'est ce qu'il a fait voir, notamment dans ses démêlés avec le fameux *Passwan-Oglou*, dont la fortune lui a montré, en

Bosnie, un rival à craindre. Il s'en est bien dédommagé, il est vrai, dans la suite, lorsque ce dernier s'est vu culbuté par le sort; mais rien n'égalait les déférences et les courbettes humiliantes du farouche Ali vis-à-vis d'*Oglou*, jusqu'au moment où il ne l'a plus cru redoutable. C'est par le même principe de perfidie basse et vile, que le tyran de Janina, renfermant d'abord en son cœur ulcéré la soif de la vengeance qu'il voulait tirer des Monténegrins, tenta de les endormir par les sentimens d'une feinte modération, et d'un désir simulé de la paix. Ne pouvant douter des dispositions haineuses de ce peuple contre lui, et n'étant pas encore préparé suffisamment pour le succès militaire qu'il médite, il les amuse par des propositions dilatoires, conciliatrices en apparence. Il insinue qu'il sera satisfait d'une simple concession pécuniaire, et qu'il cherche à empêcher l'effusion du sang.

Enfin, il paraît vouloir se contenter d'imposer aux Monténégrins une contribution de deux cents bourses (cent mille piastres.) Cette somme, peu considérable en apparence, excédait pourtant ce qui se trouvait en circulation dans ce pays peu favorisé de la nature.

La rareté du numéraire dans le pays de Montenegro n'a rien qui doive surprendre le lecteur. Nous avons observé plus haut que la majeure partie du commerce se fait par des échanges, à la convenance mutuelle des parties ; savoir : des bestiaux contre des étoffes étrangères ; des productions du pays, des fruits, du fromage, du poisson, contre le peu d'objets de mercerie, d'épicerie, etc., dont ils peuvent avoir besoin. Il ne faut point d'argent pour tout cela. On n'y voit guère que quelques pièces de monnaie autrichienne, un peu plus de russes ; et depuis l'arrivée des Français sur leurs confins, quelques pièces d'or, mais en fort petit nombre.

Le pacha savait fort bien qu'en leur imposant ce sacrifice, tout léger qu'il pût paraître, il était néanmoins hors de leur portée ; mais il s'agissait de gagner du temps. Il se préparait vigoureusement dans cet intervalle, et jouissait d'avance du sang et des larmes qu'il espérait faire couler. Il sentait que le voisinage de ce peuple indompté faisait une sorte d'éclipse à sa gloire. Tous ses efforts précédens avaient échoué ; ses armes avaient été humiliées, ses armées obligées de fuir ; les Turcs eux-mêmes sous ses ordres pouvaient donc apprendre qu'ils n'étaient pas invincibles : opinion qui jusqu'alors entretenait leur orgueil.

On juge avec quel soin, avec quelle vigilance il se mettait en état de tirer de vives représailles sur une poignée de montagnards, qu'il affectait de mépriser devant ses satellites, mais qui au fond de l'âme lui imposaient assez pour le faire descendre à la nécessité de les combattre avec l'arme de la fourberie.

Il oubliait qu'il avait en tête un individu qui lui était bien supérieur par les qualités qui constituent l'homme vraiment grand ;

et que cet homme, jusqu'alors inconnu, ignoré, dédaigné même par la hauteur musulmane, était le Wladika du Montenegro, lequel, certes, ne s'endormait pas.

En effet, l'évêque saisit cette occasion pour faire monter à son plus haut période le patriotisme et l'enthousiasme des Monténégrins; il leur communique le projet héroïque de se déclarer indépendans; de s'affranchir, sans retour, de la domination turque. En fallait-il davantage pour enflammer un peuple déjà si jaloux de sa liberté? Les montagnes retentissent de cris d'allégresse; le métropolitain est regardé comme un libérateur envoyé du ciel; chacun brûle de signaler sa valeur. L'évêque et son clergé surent profiter de ces dispositions. On jure sur le crucifix de verser jusqu'à la dernière goutte de son sang pour la défense de la liberté et de la religion. Des prières publiques sont adressées à la Divinité dans tous les temples; on invoque l'assistance de tous les saints.

Ali, instruit de ces dispositions, envoie

à l'instant des agens pour l'exécution de ses ordres, et pour recevoir les fonds de la contribution imposée; mais surtout pour s'assurer du motif des mouvemens militaires qui se manifestaient de toutes parts chez les Monténégrins.

Les envoyés du pacha sont éconduits avec le plus grand mépris; ce n'est même qu'avec la plus grande impatience qu'on respecte envers eux le droit des gens. Dès ce moment, les Monténégrins sont déclarés en état de rébellion, à Janina. Osman Mohamed-Oglou reçoit ordre de les mettre à la raison; il rassemble deux mille cavaliers et quelques cents janissaires.

Avec ces forces, il se présente, le 20 mars 1798, aux gorges qui mènent à l'abbaye, vers les montagnes de l'ouest. L'évêque établit des vigies et des signaux pour connaître les mouvemens de l'ennemi; les feux d'alarmes s'aperçoivent de toutes parts; les Monténégrins sont à leur poste, et attendent avec impatience l'instant du combat.

Les Ottomans, peu au fait des localités,

s'engagent dans des passages dangereux; tandis que les Monténégrins, familiarisés avec leurs diverses situations, gravissent tous les points avec la légèreté du cerf; ils enveloppent les ennemis; la cavalerie turque, embarrassée, trouve partout des obstacles et la mort.

Ils sont repoussés sur tous les points; Mohamed-Oglou, réduit à la plus honteuse retraite, retourne en Albanie avec les débris de son armée. On se peindrait difficilement la rage d'Ali pacha.

Sa fureur se montra sous mille formes plus effrayantes, plus bizarres les unes que les autres. Un joaillier français qui se trouvait à sa cour, à Janina, lors de cette époque, le sieur *Fournier*, homme estimable sous tous les rapports, qui fournissait des bijoux et autres objets précieux de sa profession, au somptueux et avare pacha, raconte qu'à la réception de l'avis de la défaite et de la fuite de ses généraux, Ali ne se possédant plus, frappait indistinctement tout ce qui avait le malheur de se présenter devant lui ; et que plusieurs habitans payèrent de leur tête le triste hasard d'être tombés sous ses regards. Ils rassembla de nouvelles troupes, et les confia au plus affidé de ses courtisans, *Nadir Mourad-Bey*.

Celui-ci, dont la jactance égalait la médiocrité, se vanta de soumettre bientôt le Montenegro à la tête d'un corps d'élite d'Albanais ; il eut le même sort que ses devanciers. Ali lui avait donné l'ordre de passer au fil de l'épée tous les chrétiens monténégrins, excepté l'évêque, qu'on distinait à être envoyé chargé de chaînes à Janina pour y être livré au supplice ; il fut trop heureux de se sauver lui-même.

Les Monténégrins, de leur côté, avaient allumé des feux considérables sur une montagne des plus hautes. Un autel y était dressé, orné des images du Sauveur, de la Vierge et d'un grand nombre de saints ; l'évêque, entouré de son clergé, y récitait des prières, sans négliger le soin de la défense. Les Monténégrins, fanatisés, affrontent les plus grands dangers ; les Turcs cèdent partout à la fureur, à l'acharnement, et abandonnent les passages dont ils s'étaient rendus maîtres pendant trois jours de combats.

Ces trois jours de carnage sont comparables aux plus beaux exploits de l'ancienne Grèce. C'est la même bravoure, la même intrépidité, la même constance!

Ali éclate, il devient furieux; sa rage perce partout; il jure par sa barbe, par le prophète, que la mort de tant de musulmans sera vengée.

De nouveaux ordres, de nouvelles dispositions sont arrêtés et exécutés avec la même rapidité. Des guerriers sans nombre couvrent toutes les routes : les montagnes de l'Albanie, les plaines de la Macédoine et de l'Epire retentissent du bruit des armes.

Ali veut commander seul les forces imposantes qui doivent exterminer les Monténégrins. La nouvelle de ces préparatifs effrayans arrive à Montenégro; mais loin d'abattre le courage de l'évêque, celui-ci annonce que saint Nicolas lui est apparu, et lui a promis une victoire complète. Cette pieuse fraude exalte la valeur des Monténégrins.

Ce moyen n'est pas neuf; on en a des exemples fréquens dans les guerres du moyen âge. Des apparitions de saints, des lettres tombées du ciel, des ordres de la Trinité ou de la Vierge, trouvés sur des autels : enfin tous ces moyens de fanatisme et de séduction, ne manquent jamais leur effet sur des têtes ignorantes et dévouées. L'évêque, qui le savait bien, sut habilement les employer. Ce sont là des armes irrésistibles.

Ali, précédé de trois queues de cheval, dirige les mouvemens de ses soldats avides de carnage. L'étendard témoin de tant de victoires remportées au nom de Mahomet, flotte déjà devant sa tente; il décide que chaque Monténégrin pris, sera empalé vivant. Il croit à la victoire.

Cependant l'évêque fait ses préparatifs de sang-froid, et avec une inteligence qui annonce l'homme consommé dans le métier des armes. Tous les défilés sont occupés;

de nouveaux autels, servant également de postes retranchés, sont dressés sur plusieurs points. On invoque particulièrement saint Spiridion et saint Basile, qui figurent au premier rang dans la légende grecque. Des prêtres, mais bien armés, jour et nuit implorent la Divinité. C'est dans de telles dispositions qu'on attend l'instant du combat.

Le 22 septembre va décider enfin du sort des Monténégrins. Les Turcs lèvent le camp à cinq heures du matin, la charge sonne de toutes parts; les Turcs s'avancent intrépidement et trouvent la mort au fond des abîmes; d'autres sont tués par le feu meurtrier des montagnards.

De nombreuses réserves musulmanes remplacent aussitôt tous les vides; les Turcs passent ainsi sur les cadavres de leurs frères, et s'avancent pour éprouver le même sort.

L'évêque vole de poste en poste, la croix d'une main, le glaive de l'autre; il anime tout le monde par ses discours et par le plus imposant exemple. Il est partout en même temps; tous font des prodiges de valeur; mais leurs forces commencent à s'épuiser.

Content de ce premier début, le Wladika ordonne d'abandonner tous les ouvrages de première ligne, et de gagner des retranchemens, en arrière d'une vallée large et profonde, afin de reprendre haleine.

On ne peut assez admirer la conduite ferme et prudente de ce prêtre devenu général d'armée. Il y a de l'habileté dans cette retraite simulée; il sait que les Turcs vont s'engager imprudemment dans les sinuosités de ces montagnes, où tout est disposé pour les arrêter à chaque pas. Il les harcèle, il les fatigue, il les déconcerte. Plus ils avancent, plus leur danger s'accroît. Forcé de se présenter en petit nombre, l'ennemi vient se faire exterminer presque sans défense. Plus heureux que Léonidas et ses Spartiates, le Wladika ne périt pas aux Thermopyles; il y fait, au contraire, mordre la poussière aux destructeurs de son indépendance et de son culte; il combat *pro aris et focis*. Qui pourrait avoir le courage de l'en blâmer, et de lui appliquer ce mot de l'Ecriture : *Ecclesia horret a sanguine ?*

Les chevaux des Turcs ne pouvant leur être d'aucune utilité, Ali ordonne à sa cavalerie de mettre pied à terre. Les cavaliers se répandent comme un torrent, en poussant des cris affreux.

Ali, placé sur une hauteur, donne le signal d'un assaut général; mais aussitôt la détonation épouvantable d'une des mines préparées par le prélat, répand la terreur parmi les Ottomans. La terre, ouverte en cent endroits, engloutit des corps entiers d'ennemis; des milliers de cadavres jonchent une grande étendue de terrain; les cris tumultueux des mourans ébranlent les courages chancelans; chacun craint le même sort. C'est alors que les Monténégrins, sortant de leurs embuscades, fondent avec fureur sur les Turcs; et profitant de la terreur générale, ils complètent la défaite des ennemis qui fuient dans toutes les directions. Ali, stupéfait, se retire avec les débris de son armée dans l'Albanie, et cède au sentiment de son humiliation.

C'était la troisième fois qu'il éprouvait la honte d'une défaite de la part d'une poignée d'hommes, sans généraux, sans artillerie, pour ainsi dire; sans alliés, sans ces ressources, enfin, qui rendent les grandes nations si redoutables. Les Monténégrins, adroits, braves, se retirant à propos, et s'élançant ensuite comme l'aigle sur sa proie, portaient comme l'éclair la mort dans tous les rangs; puis rentrant dans leurs défilés, furent assez heureux pour ne pas s'écarter un instant de l'ordre de combat tracé par leur évêque; ils ne commirent pas une seule faute, ne se livrèrent pas à une seule démarche fausse, et ne perdirent que très peu de combattans.

Tels furent les résultats de cette journée mémorable, où une armée de soixante-dix mille Turcs fut complétement battue par quelques milliers de Monténégrins; trente-six mille musulmans environ y perdirent la vie; Ali ne put réunir le lendemain que quatre mille hommes au plus; le reste fut dispersé, et tué isolément dans la montagne.

Les Monténégrins, enhardis par cette éclatante victoire, rendirent la fuite d'Ali encore plus humiliante, en le poursuivant jusqu'en Albanie : ce pacha ne se crut en sûreté qu'à Janina.

Dès ce moment, les Monténégrins s'affranchirent entièrement du joug musulman. L'évêque crut prudent, pour assurer l'indépendance de sa patrie, d'implorer la protection d'une cour puissante. Il envoya des députés à Saint-Pétersbourg, auprès de l'empereur, pour le prier de faire reconnaître l'indépendance du Montenegro par la Porte Ottomane.

Cette mission eut le plus grand succès. L'ambassadeur de Russie à Constantinople obtint du divan que cette indépendance fût reconnue; et depuis, ils jouissent pleinement de ce droit, garanti par la Russie, sous le gouvernement du grand homme à qui ils doivent ce bienfait.

Dans l'antiquité on eût élevé des autels, on eût mis au rang des demi-dieux le guerrier qui eût rendu un pareil service à sa patrie. Ce jour-là l'évêque monténégrin fut à la fois Miltiade et Thémistocle. Mais plus fortuné que ces deux célèbres Athéniens, il n'a point éprouvé l'ingratitude de ses concitoyens; il a joui de leur estime et de leur amour, comme de sa gloire; et s'il a travaillé pour lui-même, ainsi qu'on ne peut en disconvenir, au moins cette gloire, associée à celle de son pays, n'a rien que de pur, que de louable; et toute l'Europe lui a payé le même tribut d'admiration. Nous ne pouvons dire jusqu'à quel degré de force et de bonheur il eût maintenu cette précieuse indépendance de sa nation, s'il eût eu à combattre Napoléon et ses soldats : heureusement il n'a pas été mis dans la nécessité de subir cette épreuve dangereuse.

La mémorable journée du 22, due à l'intelligence et à la fermeté de l'évêque, lui acquit une prépondérance qui a toujours été en croissant. Les Turcs, de leur côté, humiliés, mais non rendus à de meilleurs sentimens envers les Monténégrins, n'ont jamais cessé de les insulter, de les piller, dans toutes les occasions où ils l'ont pu faire impunément; mais au seul nom du Wladika, leur jactance les abandonne; ils ne peuvent dissimuler le respect et la crainte qu'il leur imprime.

En 1812, des vexations, des incursions nouvelles ayant eu lieu, l'évêque, fort de la protection ouverte de la Russie, notifia ses intentions. Il s'expliqua sans subterfuge; il ne crut pas ses ennemis dignes qu'on dissimulât avec eux; et accueillant à propos les plaintes d'une commune opprimée, il prit les armes. Son attitude provoqua les réflexions; le souvenir de sa victoire sur le superbe Ali se retraça douloureusement à la pensée des pachas voisins; il leur imposa de la circonspection. Soit crainte réelle, soit imprévoyance dans les dispositions, soit indolence, leurs préparatifs demeurèrent dans un état d'indécision, et le Wladika persévéra dans toute sa suprématie.

Les intérêts de la même cause, joints aux dispositions actuelles des Zantins, ne purent échapper à la rare sagacité du Wladika ; il en saisit l'instant favorable ; et persévérant, avec la sécurité qu'inspire la persuasion d'un droit légitime, il s'immisça dès ce moment, plus que jamais, dans la direction des consciences ; il interposa son autorité ecclésiastique dans la règle du clergé ; et plus tard, enfin, il s'arrogea l'administration entière des affaires spirituelles et temporelles.

Tous ses actes éprouvèrent alors de fréquentes oppositions; quelques persécutions même individuelles, dirigées contre ses plus déclarés partisans, en furent le signal. Des murmures s'élevèrent ; mais bientôt le prudent évêque sut rétablir l'équilibre qui lui convenait. Ses concitoyens, t. ès reconnaissans au fond, lui passèrent ses petits accès d'ambition personnelle et ses abus même d'autorité, s'il y en eut. Ils firent plus, ils s'y accoutumèrent, et finirent par s'en rapporter en tout absolument à lui, sans lui rien disputer désormais ; s'identifiant eux-mêmes, en quelque sorte, dans la gloire qu'il s'était acquise. C'est ainsi que l'adresse et l'habileté soutenues, transforment *en droit ce qui n'était* d'abord qu'usurpation.

Enfin cette époque du 22 juillet, la plus glorieuse de l'histoire des Monténégrins, augmenta toutes leurs prétentions, en leur donnant d'eux-mêmes, avec quelque fondement, une idée plus avantageuse.

Les témoignages d'estime qu'ils reçurent de tous les peuples voisins, qui applaudissaient sincèrement à la honte d'un horrible tyran, ne contribua pas peu à les maintenir dans cette haute opinion; ils furent considérés comme les prochains libérateurs de toutes les contrées environnantes.

Cependant mille incidens particuliers vinrent altérer de temps en temps l'heureuse sécurité dans laquelle ce peuple s'était flatté de vivre. Mais telle est l'ambition aveugle des hommes, qui ne savent être heureux qu'en faisant des esclaves, que chaque changement de ministre ou de favori chez le pacha d'Albanie, devenait pour les Monténégrins une nouvelle source d'inquiétude. Chacun de ces nouveaux venus voulait signaler son avènement par quelque action d'éclat, non-seulement pour donner à la Porte une preuve de zèle, mais encore pour grossir son domaine ou ses trésors, et se rendre d'autant plus redoutable, par la suite, aux yeux de leur maître, en cas de quelque défaveur. Cette marche a été la même chez tous les tyranneaux de ces contrées, qui semblent s'être légué successivement, dans les changemens qui se sont opérés à leur égard, leur politique, leur cupidité, leur orgueil, leurs travers et leurs vices, sans qu'il parût, dans aucune de leurs actions, la moindre trace de quelque vertu.

C'est ici le lieu, en revenant encore sur le farouche pacha de Janina, puisqu'il a joué un si grand rôle dans les destinées du Montenégro, dont il voulait s'emparer, d'apprendre à nos lecteurs comment, à force de tyrannie et d'injustices, la puissance de cet homme est sur le point d'arriver au terme le plus tragique qui puisse humilier un despote.

Depuis long temps le grand-seigneur et son ministère, ne voyant qu'avec une indignation concentrée l'audace et l'insolence d'Ali, qui bravait ouvertement leur puissance, cherchaient les moyens de le réduire et de le perdre. Ne pouvant y parvenir par la force des armes, la Porte a commencé par lui donner, pour voisins, des pachas, qui, sous divers prétextes, ont attaqué partiellement son pouvoir, lui ont débauché une partie de ses agens, l'ont détruit autant que possible dans l'opinion ; et qui, enfin, levant l'étendard tout à fait contre lui, présentent maintenant une série d'accusations par-devant le conseil du sultan, ou divan de Constantinople, dont le jugement ne peut manquer de le condamner. Il ne lui reste plus que le parti de la *résistance*, et l'on croit que son caractère l'y portera infailliblement;

mais les cricoństances ne sont plus aussi favorables pour lui. Il y a sept ou huit ans, il pouvait encore mettre cent mille hommes sur pied. Aujourd'hui, il n'en réunirait pas la moitié; tant le pays est fatigué de son joug! Il commence, d'ailleurs, à devenir très âgé; ses facultés physiques et morales ne sont plus les mêmes.

Pour en juger avec quelque connaissance de cause, et donner aux conjectures, que nous avançons ici, des motifs de probabilité, nous croyons devoir rapporter ce qui a été publié dernièrement à cet égard par les journaux.

On trouve l'article suivant dans le Journal de Paris, du 22 mai 1820.

De Constantinople, le 12 avril.

« Parmi les événemens remarquables, on » doit ranger les préparatifs, faits par la » Porte Ottomane, pour mettre des bornes » aux projets et aux menées du célèbre *Ali*, » pacha de *Janina*, autrement nommé *Dé-* » *pédélenli*, du nom de son lieu natal *Dé-*

» *pédélen*, dans le schangiat, ou district » d'*Avlon*, afin de le distinguer d'autres pa- » chas portant également le nom d'*Ali*.

» On vient d'ôter à son fils le gouverne- » ment de *Lépante*, l'une des villes les plus » importantes de la Turquie européenne, » avec un très bon port. Il a été donné à » *Pehliwan*, autrement *Baba-Pacha*, qui » vivait dans l'exil à *Baousva*. Ce change- » ment diminue considérablement l'influence » et les forces d'*Ali*; d'autant plus que *Pehli-* » *wan* est généralement estimé pour ses ta- » lens militaires.

» *Mehemet-Bey*, fils de *Kaplan-Pacha*, » qui fut assassiné jadis par l'ordre du cruel » Ali, est nommé gouverneur de *Durazzo* » en Albanie, ville tout aussi importante, » avec un port sur le golfe de Venise. La » perte de ce gouvernement est un des plus » grands coups portés au farouche Ali, étant » surtout remis dans les mains d'un de ses » plus grands antagonistes, intéressé à ven- » ger la mort de son père.

» *Suleiman-Pacha*, autre rival d'*Ali*,

» vient d'être promu au gouvernement de » *Zirhala*, ainsi qu'au commandement des » défilés qui font partie de ce district.

» *Mustapha*, pacha de *Scutari*, vient d'être » confirmé dans cette dignité, par une lettre » particulière du grand-seigneur, accom- » pagnée de présens. Ce n'est pas une des » moindres mesures prises contre *Ali* de » Janina, qui dominait par ses intrigues à » Scutari.

» Comme ce dernier se soumettra diffici- » lement à ces dispositions, qui ne peuvent » que détruire la souveraineté qu'il avait » usurpée sur l'Albanie et la Thessalie, on » s'attend à ce que la première de ces pro- » vinces deviendra incessamment le théâtre » de combats sanglans.

» Les préparatifs pour la croisière pro- » chaine dans l'Archipel, se continuent avec » activité; les bâtimens destinés à cette ex- » pédition ne tarderont pas à quitter notre » port. Ils sont destinés à seconder par mer » les efforts de la Porte contre *Ali*. »

On trouve l'article suivant dans le Journal des Débats, du 23 mai 1820.

De Corfou, le 15 avril 1820.

« Le fameux Ali, pacha de *Janina*, ap-
» pelé à Constantinople pour y rendre compte
» de sa conduite, depuis tant d'années de
» vexations et d'insubordination de sa part,
» vient, dit-on, de lever le masque. Il s'est
» déclaré *roi d'Epire*, et refuse en consé-
» quence d'obéir à l'ordre du divan. On
» assure que pour grossir son parti, et se
» procurer des défenseurs, il a embrassé la
» religion grecque, et s'est fait baptiser. »

Cette nouvelle (dont on attend pourtant plus ample confirmation) est parvenue aussi à la connaissance du public par d'autres voies. On n'y paraît point étonné du tout de la résolution étrange prise par ce pacha. Elle est tout à fait dans le caractère d'un tel homme; on sait qu'il ne pliera jamais devant ses maîtres, et encore moins devant ses ennemis de Constantinople. Il ne le pourrait pas même, sans compromettre son existence. Couvert de tant de crimes, accusé de tant de violences et de forfaits, il ne pourrait se flatter d'échapper à la vengeance du gouvernement qu'il a tant bravé. Il préfère (et cela est tout simple) de se constituer en révolte ouverte, et de tenter la fortune. Et pourquoi ne deviendrait-il pas roi? Le succès ne légitime-t-il pas toujours le pouvoir? Si, par la force, il parvient à se maintenir; si son fils lui succède; si ses arrières-enfans résistent à toutes les attaques auxquelles ils doivent s'attendre; s'ils restent enfin vainqueurs, et ne sont point dépossédés : ne voilà-t-il pas une race, une dynastie, tout aussi respectable qu'une autre, lorsque beaucoup de siècles auront passé dessus? En connaît-on qui aient commencé autrement? Le père fut un usurpateur, un chef de voleurs; c'est vrai : mais quand l'éponge réparatrice et salutaire des *temps*, aura lavé, effacé du moins de la mémoire des hommes, tout ce qu'il y aura eu d'impur et d'atroce dans sa possession primitive, ses augustes descendans citeront leur légitimité; ils attesteront le vœu du ciel, et ne manqueront ni de ministres, ni d'évêques *grecs*, pour proclamer la justice de leurs prétentions. Il sera clair, il sera démontré qu'ils sont établis là de *droit divin;* qu'ils sont nés pour régner, pour s'engraisser à loisir de la sueur de leurs trop heureux sujets, et pour faire pendre, sans façon, comme sans remords, le premier qui osera raisonner.

Ali pacha, qui est un philosophe pratique de la meilleure étoffe, à ce qu'il paraît, trouve cette logique toute naturelle; il n'ignore pas comment le chef des Osmanlis, comment le fameux *Mahomet* lui-même, conducteur de chameaux, est parvenu à la suprême puissance. Eh bien, il court la même carrière. Il a jeté un coup d'œil observateur sur tous les potentats qui gouvernent ce monde civilisé : il les défie tous de lui dérouler une autre origine : *le droit du sabre.*

Il sera curieux, d'ici à quelque temps, de voir ce que va devenir ce nouveau compétiteur de sceptres. Le voilà sur un théâtre où beaucoup de ses pareils ont brillé, sans y avoir plus de droits. Les Thésées, les Hercules, les Achilles, les Pyrrhus, qui régnèrent dans ces mêmes contrées à peu près, qu'étaient-ils autre chose que des brigands heureux? Quelques uns sont devenus même des dieux. Ali pacha, dans les anciens temps, eût pu facilement trouver des autels. Alexandre n'en a-t-il pas eu? La pauvre espèce humaine divinise tout ce qui l'opprime. Avec de l'audace et du bonheur on parvient à tout. S'il a de l'or, il ne manquera point de prêtres, pour lui prodiguer l'encens et l'apothéose.

Il est facile de présumer, d'après ces relations, qui n'ont pas été contredites, que la puissance effrénée du pacha de Janina tire à sa fin, et que ses voisins ne tarderont pas à être délivrés, enfin, de la tyrannie de ce satrape barbare. Voici quelques traits de sa conduite privée, qui méritent d'être connus du lecteur; ils serviront à faire apprécier le caractère de cet homme puissant, qui n'a jamais voulu connaître d'autre loi que sa propre volonté; qui n'a jamais balancé entre la mort d'un sujet et la satisfaction d'un désir; qui a été craint, obéi, révéré même, plus qu'aucun potentat connu; qui avait des stipendiés jusque dans les conseils du grand-seigneur; et qui, au milieu des vices atroces, et de la dureté profonde de son cœur, inspire pourtant un respect involontaire par de grandes qualités.

Pour donner à nos lecteurs une connaissance plus positive, et plus étendue encore, du caractère du fameux *Ali pacha*, nous rapporterons ici, entre mille autres de la même espèce, un trait dont lui-même ne fait aucun scrupule de se vanter, quand l'occasion d'en parler se présente.

On tient ce détail d'un témoin oculaire, d'un Français qui était alors à la cour de ce tyran, qui même en était bien traité, et qui, par la nature de ses fonctions, a été forcé d'y rester quelque temps; mais qui mourait de peur, chaque jour, que la chance ne tournât contre lui, comme il l'avait vu avec effroi pour tant d'autres, et qui remercie tous les jours le ciel de n'y avoir pas laissé sa tête.

C'était l'année 1805, dans le cours de l'été, la Porte Ottomane, qui déjà se lassait de l'insultante audace du pacha de Janina, mais qui n'osait pas le destituer franchement et ouvertement, envoya dans une ville voisine du territoire de son gouvernement, un affidé, d'un rang supérieur, revêtu du titre de pacha lui-même, accompagné d'une suite assez nombreuse, comme pour prendre inspection d'une province limitrophe, et qui n'avait rien de commun avec la juridiction d'Ali. Cet envoyé avait l'ordre secret de se lier, s'il le pouvait, avec ce dernier, de lui faire quelques visites d'honneur et de confiance, de se glisser même dans son intimité; puis, saisissant bien son temps, de lui présenter le fatal cordon, auquel jamais musulman n'osa faire résistance, et de l'étrangler enfin lui-même sans autre forme de procès.

Ali, qui payait des espions dans le sérail, fut instruit du voyage, et du but secret, avant même que l'autre ne fût parti. Il le laissa venir, il lui facilita tous les moyens d'arriver, lui fit toutes les politesses et les avances que peut autoriser le bon voisinage; il poussa même l'effronterie astucieuse jusqu'à l'aller voir le premier; séjournant, qui plus est, chez lui une nuit ou deux, mais armé jusqu'aux dents, ainsi que son escorte, composée de quelques gens fermes et dévoués qui étaient dans son secret. Puis, sentant qu'il était temps de partir, et redoublant d'honnêtetés avec l'envoyé, il le pria de daigner venir lui faire le même honneur; protestant de le recevoir avec autant de cordialité que de plaisir; lui assignant jour fixe pour cette partie d'amitié, et lui désignant un fort joli château sur les bords du golfe, où *Ali* donnait par fois des fêtes à ses femmes préférées.

L'envoyé, dupe de tant d'avances encourageantes, accepta, promit et disposa tout son monde pour ne pas manquer une si belle occasion d'exécuter son ordre. — Ali l'attendait; la musique, les danses, le festin, tout était brillant et magnifique. On s'amusa parfaitement jusqu'au soir. Les gens d'Ali, qui avaient le mot, s'étaient amicalement emparé de ceux de la suite de l'étranger. Sous prétexte de voir et de parcourir les jardins, on les avait séparés, dispersés les uns des autres, partout où le plaisir semblait les appeler.

Tout à coup, à un signal donné, l'on tombe sur ces hommes surpris; on les désarme dans un clin d'œil; on les lie, on les garrotte, on les jette dans une barque, amenée exprès; on les conduit au large en mer, on leur attache des pierres au cou, et l'on s'en défait ainsi, sans bruit, en les précipitant dans l'Adriatique. Il ne s'en sauva pas un seul.

Pendant cette expédition, Ali, qui ne quittait pas son hôte de vue, le ramenait tout doucement dans l'intérieur du château, lui en faisait voir les divers appartemens, les décorations, etc., lorsqu'arrivés dans un cabinet reculé, les portes se ferment subitement; six hommes, le sabre à la main, saisissent l'envoyé, lui ôtent ses armes, le lient par précaution, et le forcent à s'asseoir sur un sopha, où *Ali* vient se placer à côté de lui.

« Allons, pacha, lui dit-il, exhibez de
» suite le cordon que vous m'apportiez, et
» passez-le autour de votre col. Votre visite
» est achevée. Dépêchons, je n'ai pas de
» temps à perdre. »

Le pauvre pacha, pris comme dans une souricière, voulut en vain employer la prière et les délais; à un signe fait de la main du terrible *Ali*, sa tête vola sur le parquet. On la mit dans un sac; et l'heureux brigand l'envoya directement à Constantinople, au grand-visir, qui depuis n'a plus envoyé personne pour présenter le cordon au seigneur *Ali*.

Comme tout doit avoir un terme cependant, la Porte, humiliée depuis si long-temps de l'audace d'un pareil sujet, vient de se déterminer, comme il le paraît, à l'attaquer en même temps par terre et par mer. La lutte sera nécessairement longue et cruelle. Avec ses immenses trésors, amassés depuis tant d'années, *Ali*, le prince (car il l'est de fait) le plus riche peut-être en or, en métaux précieux, en diamans, etc., qui soit dans l'Europe, trouvera des troupes pour résister à celles que l'on envoie contre lui. Ses soldats sont les plus aguerris que l'on connaisse; et s'il peut réunir les Grecs à son parti, comme on le présume, puisqu'il s'est, dit-on, fait baptiser; aidé peut-être secrètement par la Russie, qui ne verrait pas sans plaisir l'humiliation du croissant, Ali, disons-nous, pourrait fort bien parvenir à se former un Etat indépendant, un royaume puissant, un empire même considérable, si tous les Grecs ont le courage de saisir cette occasion.

S'il réussit, le brigand prendra place parmi les grands hommes; toutes les trompettes de la Renommée célébreront sa gloire, même ses *vertus* ; cela ne coûte rien aux écrivains, depuis Homère jusqu'à nos jours. S'il est vaincu, c'est différent ; ce sera un scélérat. Voilà qui est bien entendu. Or donc, attendons l'événement ; et révérons, comme il convient, l'infaillibilité des jugemens humains.

Revenons enfin à notre sujet, savoir ce qui concerne le pouvoir que le Wladika monténégrin s'est acquis dans les deux *Zantes*. Nous dirons que, toujours attentif à profiter des moindres événemens qui pouvaient ajouter à sa considération personnelle comme à son autorité, il fit valoir hautement les actions de ses valeureux compagnons d'armes, et projeta d'assurer ainsi sa domination sur les deux *Zantes*, comme il a réellement fait avec un grand succès.

Le bruit qui retentit, dans l'Europe, de la victoire du vingt-deux septembre, dans laquelle le Wladika fit, comme nous l'avons dit, des prodiges de valeur ; l'éclat qu'elle répandit sur son nom, par la sagesse et l'habileté de ses dispositions, lui firent envisager comme facile l'exécution de ses desseins; et dès lors, sans songer même à user de la voie des armes, pour renouveler son investiture, il agit, à l'égard des deux *Zantes*, comme envers un pays où sa domination n'eût pu être contestée.

Dans les premiers momens, les pachas voisins ne firent aucune attention à sa marche hardie; mais en s'éloignant de l'époque de la victoire imposante qui les avait tenus si long-temps en respect, ils rougirent de leur faiblesse, et osèrent enfin s'opposer aux entreprises du Wladika.

Mais celui-ci avait déjà jeté les fondemens de sa domination sur tout un peuple guerrier, dans l'esprit duquel le souvenir d'une victoire signalée se retrace toujours avec les plus séduisantes couleurs.

Observateur aussi profond que rusé de l'espèce humaine, et de ce qui peut l'émouvoir, l'évêque n'ignorait pas la puissance des signes extérieurs. Après sa victoire, il avait fait placer sur tous les autels extérieurs et lieux retranchés qui garnissaient ses frontières, des étendards fort élevés et solidement affermis, sous la forme de notre ancien *labarum*, sur lesquels était inscrite la date de la glorieuse journée des Monténégrins; et au bas, ce serment, que renouvelaient les habitans lorsqu'ils passaient dans ces lieux : *Nous jurons de mourir autour de ce drapeau, avant de laisser pénétrer l'ennemi par ce chemin.* Puis on lisait : *Honneur et gloire à nos compatriotes; amitié, dévouement, aux voisins qui se montreront nos amis.*

Les Zantins, qui vont souvent exprès visiter ces passages, s'arrêtent et réfléchissent sur ces mots, qui font sur eux l'effet d'un talisman. Ils semblent tendre les bras à ceux qui les ont tracés, et vouloir faire cause commune avec eux.

A ces grands excitatifs moraux, vient s'en joindre un plus puissant encore; celui que justifient tant d'exemples; celui que tant de peuples respectent pendant le cours de plusieurs siècles : *la Religion.*

Le territoire des deux Zantes est peuplé d'habitans soumis à l'ascendant impérieux de trois sectes qui divisent leur croyance : savoir, les *Latins*, les *Grecs* et les *Musulmans*.

Les Latins y sont en petit nombre, dans la proportion générale; ils sont plutôt soufferts que protégés, quoique les musulmans, dans les circonstances difficiles, mettent tout en usage pour leur faire entendre qu'ils ont plus de confiance en eux que dans les Grecs; tandis que dans d'autres ils agissent de même à l'égard des Grecs; d'où il suit que les Turcs ne peuvent et ne doivent compter sur aucun des deux : inévitables effets, qui se reproduisent partout où l'on procède de même. Aussi les Latins, pour s'opposer à l'influence, et aux tracasseries des sectateurs de l'alcoran, font-ils souvent cause commune avec les Grecs, qui sont très nombreux, et pour lesquels ils ont moins de répugnance, parce qu'ils partent du même principe; tandis que ceux des Turcs sont d'une dissemblance manifeste.

Ainsi, dans toutes les occasions, on les

voit se réunir avec les Grecs des deux Zantes, et tous ensemble avec les Monténégrins contre les Turcs, qu'ils abhorrent, quoique ceux-ci affectent de leur persuader, tout en les persécutant, qu'ils les associeront à leurs priviléges, s'ils prennent de bonne foi parti pour eux.

Si la morale publique est le levier de la législation, la religion est le véritable, le nécessaire appui de la politique. Entre les mains d'un prince heureusement né, d'un homme habile, essentiellement inspiré par des mouvemens patriotiques, ce moyen bien dirigé devient une puissance déterminante; il l'étend ou le resserre habilement au gré de ses vues, pour l'avantage de son peuple; il sait en diriger la manœuvre, la presser ou la ralentir, selon l'importance, la marche, l'issue des événemens, selon les effets qu'il a produits dans l'esprit des contemporains, et selon l'état des opinions reçues.

CHAPITRE XI.

Départ de chez le Wladika.

ENFIN je dus quitter ce célèbre évêque auquel je ne peux refuser ma plus grande vénération. Nous nous séparâmes pleins d'une estime réciproque, si je m'en rapporte à des démonstrations qu'il serait outrageant de suspecter, et que je crois sincères, au risque de me faire soupçonner moi-même d'amour-propre. Il poussa la politesse jusqu'à m'accompagner, avec son clergé, à un mille du couvent.

Nous allons maintenant reconnaître des points, sur lesquels nous avons déjà des notions acquises par tous les détails répandus dans cet ouvrage.

Nous nous dirigeâmes sur la *Ségliante*, en traversant la rivière *Ricowezernowich*, au pied du mont *Czarawizza*.

A mesure qu'on se rapproche de la température de la féconde et belle Albanie, après s'être élevé jusqu'à la région des glaces, tout change graduellement de forme. Tous les sites présentent les plus séduisans paysages, les nuances les plus harmoniques au sein de la plus étonnante variété. Le cours de la *Ségliante*, entre des monts agréablement boisés, des prairies toujours vertes, offre sur ses rives délicieuses des milliers de bestiaux répandus çà et là dans les campagnes égayées par les sons de la flûte ou de la musette, et par les chants d'allégresse que l'espérance, autant que la possession, inspirent à l'heureux cultivateur; tout y rappelle ces douces impressions que produisent les accords sublimes du chantre de Mantoue.

C'est au milieu de ces agréables sensations que nous arrivâmes à *Agne*. C'est une commune bien située, quoiqu'au nord, presqu'à la crête du mont *Gljubotné*, d'où elle domine la plaine de *Cettigné*, en offrant un point de vue des plus prolongés, à droite et à gauche, sur le cours de la rivière. Les propriétés les plus voisines de la commune sont de peu d'importance, et ne consistent qu'en jardins, vergers et enclos, de réserve pour les bestiaux, dans les temps trop mauvais, pour les conduire au loin. Les principales maisons sont dans la plaine. La culture pourrait y être plus avantageuse; il paraît qu'on la néglige trop, et que l'espèce humaine, dans ce canton, est paresseuse et inactive. Les environs sont riches en botanique. La population d'Agne est particulièrement belle dans les deux sexes, et fort nombreuse, eu égard au petit nombre d'habitations.

Nous nous aperçûmes promptement, dans le nouveau trajet que nous parcourions, de la bienveillance du Wladika. Partout nous fûmes reçus avec une distinction marquée.

Prêtres, knès, femmes, enfans s'empressaient autour de nous; ils nous comblaient de marques d'affection et de respect. Nous trouvâmes presque partout sur notre passage des lits préparés, et couverts de pièces de toile neuve. Nous fûmes éclairés avec de la chandelle ou des lampes, que nous avons su avoir été envoyées par l'évêque dans quatre villages; tandis que les autres s'en étaient pourvus à Budua.

Partout on nous donna des fêtes; on battait le beurre exprès pour nous ; des chasses avaient été ordonnées pour nous traiter plus favorablement. Quels que soient les motifs du Wladika, ils serviront au moins à faire penser qu'il avait vu le monde, et qu'il attachait quelque prix à faire bien juger de lui et des siens. Certaines personnes m'ont allégué que c'était par vanité; mais ce genre de vanité sied aux princes. Heureux les peuples dont les gouvernans savent sentir tout le prix qu'il leur importe d'attacher à l'opinion des étrangers!

En sortant d'Agne, nous traversâmes un immense vallon, pour remonter ensuite le mont *Glawizza*, et gagner *Ochinichi*, par des chemins affreux.

Ici, la température se radoucit encore; aussi la nature embellie y offre l'image d'un printemps perpétuel. C'est là que de nouvelles scènes viennent flatter les regards; des masses de chênes, de sapins, de vieux cyprès, couronnent la cime des monts les plus élevés, et donnent à la vallée un aspect romantique.

Dans un ordre inférieur, règnent deux collines éloignées de trois milles l'une de l'autre. Elles se forment par une pente presque insensible et parallèle dans toute l'étendue de la vallée. Toutes deux sont couvertes, dans leur prolongement, d'une constante verdure; l'espace qui les sépare est planté de vignes. Tous les genres de culture, toutes les sortes de fruits s'y réunissent. L'olivier, le laurier, le grenadier y croissent de toutes parts; le myrte et l'oléandre, qu'à Paris on tient captifs dans d'étroites prisons, là, libres, élèvent de nombreux et vigoureux rameaux. Le laurier-thim y occupe toutes les cavités; il couvre, dans un heureux abandon, toutes les gerçures, cache l'âpreté des rocs, et se nuançant, dans une gradation magique, à travers des mélèzes qui s'élèvent avec autant de grâce que de majesté, ajoute à la masse des fleurs répandues sur ce vaste et magnifique autel, érigé à la gloire du Créateur.

Le fond du tableau présente un mont, dont le cône parfait s'élève, dans le lointain, jusqu'aux nues, et ressemble à une immense pyramide placée exprès, par les mains du suprême architecte, pour servir de point de perspective.

Une remarque frappante, à l'égard des lauriers-roses, c'est l'uniformité horizontale de leur ascension commune. La différence de température exerce, sur cette ligne, son influence si sensiblement, qu'on croirait que tous ces plants sont taillés à dessein ; ce qui indique le point fixe, au delà duquel ils cessent de se produire spontanément, arrêtés, dans leur végétation, par l'influence de la région supérieure.

La *Czerniska* renferme des mines de fer, d'or, d'argent et de soufre.

Dès les temps anciens on avait reconnu des

mines d'or dans cette contrée de l'Epire. Pline en fait mention quelque part, et parle même des avantages qu'on en retirait. Les guerres continuelles dont ces pays ont été le théâtre, les invasions des Turcs qui n'ont jamais su que brûler et détruire, tout s'est ligué en quelque sorte pour réduire cette partie de la Grèce à un état d'ignorance et d'apathie (on pourrait même dire de barbarie) qui explique l'absence des arts et de leur culture. Mais il n'en est pas moins certain que la nature ne lui a rien refusé de ce qu'elle accorde aux pays les plus favorisés, en métaux précieux et autres.

La seule inspection des terres justifierait cette opinion, si elle n'avait déjà été fondée par les rapports de quelques intendans voyageurs; mais le moindre examen y ajoute, par le poids, la densité, la couleur et le caractère du minerai. Il paraît toutefois qu'on ne s'y est point occupé de fouilles sérieuses, ni d'exploitation, du moins depuis bien des siècles.

Presque toutes les pierres du fond de la

vallée sont calcaires et d'une excellente qualité. A certains intervalles, on rencontre des divisions par grandes masses, de marbres, et de pierres granitées, de couleur grise, parsemées de petits corps noirs à facettes prismatiques et brillantées. Toutes sont d'une excessive dureté, et sont excellentes pour les constructions, tant extérieures qu'intérieures.

En se rapprochant du mont *Resvich*, on voit deux grottes assez profondes, mais très élevées, dans lesquelles on trouve une immense quantité de débris de talc.

En plusieurs autres endroits de cette même vallée, on rencontre de petites éminences qui se forment de débris de cailloutages, de pierres à fusil, mélangés de terre sigillée, parmi lesquels on découvre des pierres agathisées, marquées d'herborisations singulières, et de divers accidens en ce genre, qui pareraient beaucoup de cabinets distingués.

C'est aussi dans la *Czerniska* que quelques habitans du pays qui se disent en possession de secrets propres à la guérison, se servent efficacement de la chair et de l'huile de serpens, qui y sont communs. Ces reptiles n'y sont pas dangereux; on les apprivoise même aisément.

De tous côtés, dans les campagnes, et sur les chemins, on rencontre de la *garance* de toute espèce, et autres plantes propres à la teinture. On y pourrait recueillir aussi des gommes de différens arbres, et notamment du galipot ou résine de pin.

Généralement parlant, la botanique offre de grandes richesses dans le territoire du Montenegro. La nature s'y est montrée prodigue pour les disciples des Pline, des Linnée, des Buffon. On croit aussi qu'elle n'y est pas avare de végétaux propres aux arts. Mais là ce sont des biens perdus ou du moins inutiles, faute de culture, de commerce et d'industrie. On doit dire aussi que ce n'est pas seulement le défaut d'instruction, ou de génie, qui s'oppose au progrès des arts usuels, dans ce pays; c'est surtout cette sorte d'insouciance que produit l'esprit général d'indépendance, et enfin la difficulté des communications.

En quelques endroits du Montenegro, on est tenté de pressentir l'existence de mines de *vitriol*, mais à l'extrémité de la Czerniska, on en acquiert la conviction par la qualité des veines de terre que l'on remarque à de grandes profondeurs. Cette terre communique à l'eau sa teinte bleuâtre avec toutes les qualités austères qui caractérisent l'astringence de son sel; circonstance qui ferait présumer, en même temps, l'existence des mines de cuivre.

Ceci me rappelle que j'ai omis de parler, à mon entrée dans le pays, d'une semblable mine à l'extrémité occidentale, et tellement abondante que, s'il faut en croire les indigènes, elle découlait par filtration à travers les rochers, sous l'église de Saint-Elie de Dobrota, et réunissait tous les avantages du vitriol de commerce.

Je n'avancerai pas que j'ai vu couler le vitriol, mais on m'a montré, comme à mille autres, la fontaine d'où il coulait. Les témoignages en sont donnés par des hommes si recommandables; ils sont d'ailleurs tellement répandus, qu'on ne peut se refuser à le croire, surtout quand il ne s'agit pas d'une tradition usée, mais bien de ce qu'ils ont vu eux-mêmes.

Au reste, on sait que partout où existe le soufre, on doit présumer la présence du vitriol, puisque le soufre contient des principes vitrioliques, ou plutôt qu'il n'est lui-même qu'un vitriol naturellement exalté, dans le sein de la terre, par l'action des feux souterrains; aussi y trouve-t-on, avant qu'il soit fondu, des particules de vitriol en assez grande quantité; et l'on doit être peu étonné de l'existence de cette fontaine vitriolique.

Ce qui paraîtra plus surprenant, c'est qu'avec des ressources naturelles, et des matériaux sous la main, qui ne demandent, pour ainsi dire, qu'à se baisser pour les recueillir, des amateurs, même des contrées voisines, ne se soient pas empressés de venir s'emparer de ces richesses, en y élevant et formant des établissemens, dont le succès certain dédommagerait amplement des dépenses qu'il faudrait provisoirement y faire. A cette observation, dont on ne niait point les résultats probables, on me répondit par ces mots, auxquels je ne vois point de réplique : *Mais les Turcs, monsieur, les Turcs ! Ne viendraient-ils pas pendant la nuit dévaster tout ce qu'on aurait préparé dans le jour?*

On jugera peut-être, qu'avec aussi peu d'attention à mettre à profit les ressources de la nature ; sans instruction, comme sans moyens de l'acquérir; privé de mille objets nécessaires, d'après nos mœurs et nos usages, aux besoins du corps et de l'esprit ; perdu dans un labyrinthe effroyable de montagnes ; on croira, dis-je, que ce peuple traîne une vie misérable ; eh bien, l'on serait dans une étrange erreur. Au contraire, ce peuple est heureux, parce qu'il s'arrête là où ses connaissances s'arrêtent, là où la nature elle-même refuse de le servir faute de moyens pour l'interroger.

On ne peut nier, au fait, que les peuples qui vivent le plus près de la nature, ne soient, à tout prendre, les plus heureux. Moins asservis aux préjugés, dont nos institutions sociales nous imposent le tourment continuel, ils sont plus francs, plus libres, plus eux-mêmes. Ils ne se contraignent sur rien, ne fardent point leurs sentimens, et ne sont point tenus à mille devoirs de convention, qui tyrannisent l'homme trop civilisé. Ils n'ont pas, à la vérité, toutes nos jouissances, et les raffinemens du luxe, dont nous faisons tant de cas; mais ils n'en font aucune estime; ils rient de notre gêne, et ne voudraient pas changer leur sort contre le nôtre. Un seul point, mais malheureusement trop puissant, les éloigne du vrai but; c'est la superstition, fille trop ordinaire de l'ignorance. Un prêtre adroit s'empare d'eux; il en a bientôt fait ses esclaves!

Je ne sortirai pas de la *Czerniska* sans donner quelques détails sur l'arbre le plus intéressant que j'aie encore vu dans mes différens voyages. Magnifique dans son port, riche dans son feuillage comme dans ses formes, orné dans ses fleurs, il a fixé particulièrement l'attention de tous, par l'observation que je leur en ai fait faire; car sûrement les habitans ont passé mille fois dessous et auprès, sans y faire attention.

Je l'ai présumé être de la classe des acacias, mais je l'ai nommé *mimosa arborescens*, parce qu'il a tous les caractères de la sensitive; non que le toucher produise sur ses feuilles un effet aussi prompt, mais, ainsi que la *mimosa sensibilis*, ce plant présente les mêmes symptômes; il est soumis aux affections, soit par l'absence du soleil, causée instantanément par les nuages, soit par l'absence absolue de cet astre, ou par son retour sur l'horizon.

Sa tige est belle et élégante; l'écorce en est gris de lin, et unie comme du parchemin; les feuilles, semblables à celles de l'acacia, sont rangées sur un pédicule commun, dans le même ordre; sa fleur, du volume d'une anémone, a la figure de celle du câprier; et comme elle se forme de quatre

6

pétales et d'autant d'étamines qu'il en faut pour combler tout le diamètre; il en résulte une figure semi-sphérique bien régulière.

Ces fleurs, de couleur rose très tendre, sont tellement multipliées, que l'arbre semble n'être qu'un bouquet; elles sont inodores. La fructification se manifeste par des siliques d'un pouce et demi de long sur un de large, très aplaties comme des follicules. La couleur des siliques est fauve; elles sont légèrement articulées pour cinq à six grains, du volume et de la couleur d'une lentille, mais beaucoup moins épaisses. Du reste, nos plus riches jardins ne m'ont encore rien offert de semblable; c'est un des plus beaux présens de la nature. Il est remarquable que ce plant ne prospère qu'au couchaut.

Grabogljani et *Dobarcelli* sont les villages les plus riches, les plus peuplés de toute la *Czerniska*. Dans cette contrée, des propriétaires font, depuis quelques années, du vin de Malvoisie qui ne le cède en rien à celui de *Breimo*, si renommé dans les Etats de Raguse, et l'on n'a pas manqué de nous le faire valoir.

CHAPITRE XII.

Occasion qui m'est offerte de sauver trois déserteurs, et de les ramener à leur devoir.

L'ANECDOTE que je vais raconter, et qui trouve ici sa place d'après l'ordre de mon voyage, eût été par moi mise en oubli, parce que j'y joue un rôle personnel, si elle ne servait pas à donner une idée juste du caractère en général du peuple chez lequel je me trouvais, et en particulier de la famille d'un prêtre qui mérite autant de vénération que d'attachement.

Pendant mon séjour à *Optocichi*, étant à souper chez le pope, je crus remarquer à travers les attentions les plus suivies, tant de la part de la femme que des grands enfans, un air d'inquiétude qui n'est pas naturel à ces peuples. J'en devins observateur très attentif, sans qu'il y parût, sans me permettre aucune question. Une des maximes les plus importantes à suivre, quand on voyage chez un peuple aussi défiant que le sont en général les Monténégrins, c'est de ne pas laisser apercevoir que l'on est curieux d'entendre ce qu'ils ont l'air de ne pas vouloir vous confier. Il y aurait même du risque à vouloir les pousser de questions à cet égard. La confiance ne se commande pas; il faut les laisser venir d'eux-mêmes. Je me serais donc bien gardé de les interroger directement; je tâchai d'amener, avec adresse, leur secret sur leurs propres lèvres; et j'y réussis sans grande difficulté, comme on va le voir.

Après le souper, j'entendis que les uns et les autres se disaient tout bas, et en se poussant : Parlez-lui. — Non, disait le fils, il vaut mieux que ce soit toi. — Je n'ose, disait la femme. — Ah! mon Dieu, mon Dieu!

disait la fille : ils sont si braves !......—Lui ne paraît pas méchant, disait un autre. —Parlez plus bas, se disait-on ; si une fois il le savait.......

Tant de mots interrompus, que je ne comprenais pas, piquèrent vivement ma curiosité. Pour leur inspirer quelque confiance, je me montrai très gai. Je riais avec tous les enfans ; je leur racontai quelques historiettes plaisantes. Je leur fis quelques jeux de société les plus simples. J'amenai enfin les choses au point de leur persuader que je savais qu'ils avaient quelque secret important, mais que je voyais bien qu'ils n'étaient pas tout à fait mes amis, puisqu'aucun d'eux ne m'avait jugé digne de me le confier.

Oh ! s'écrièrent-ils presqu'en même temps : —Commandant, ce n'est pas la raison que tu crois, qui nous en empêche.—Eh bien ! quelle qu'elle soit, leur dis-je, prouvez-moi que ce n'est pas celle-là, en me confiant vos inquiétudes ; et s'il est en mon pouvoir de les calmer, je vous assure que je serai flatté de vous être agréable. Vous verrez que je ne m'y engage pas en vain.

Aussitôt le pope me prend par le bras, me tire à l'écart, appelle sa femme et son fils aîné, et me dit, avec un ton pénétré : « Tu peux rendre la vie et l'honneur à trois » malheureux frères (en m'embrassant); » je connais la rigueur de tes lois; je tremble » en te confiant ce secret. »

Non, lui dis-je, tu ne dois rien craindre; quoi que ce puisse être, j'ose compter assez sur ma position pour pouvoir remplir tes vues; parle.

« Eh bien! frère, j'ai dans ma paroisse » trois déserteurs croates, qui sont déses- » pérés d'avoir quitté leurs drapeaux et ton » service. Ils voudraient rentrer. »

S'ils sont repentans, dis-je, il suffit; qu'ils viennent, que je les embrasse, et qu'ils ne me quittent plus. Un moment de réflexion me fit sentir que je m'engageais beaucoup; mais les mots étaient lâchés; je ne pouvais plus me rétracter sans me faire un tort notable dans leur esprit et les affliger beaucoup ; d'autant plus que je n'étais pas assez éclairé sur l'intérêt si vif et si pressant qu'ils portaient à ces déserteurs, dont je ne connaissais, d'ailleurs, ni les desseins ni les motifs. Il se manifesta donc sur ma figure un sentiment d'hésitation. Je cherchais dans ma tête comment je pourrais m'y prendre pour satisfaire mes hôtes sans me compromettre.

Le pope, qui s'en aperçut sans doute, me fixait avec inquiétude ; il semblait deviner mon embarras : « Je vois bien, me dit-
» il, que tu balances, que tu réfléchis ;
» tout m'annonce dans tes traits que tu as
» bonne envie de les sauver ; mais, com-
» ment feras-tu ? car tu n'es pas le maître
» seul ? »

Ecoutez.... Le secret, lui dis-je, devient nécessaire ici, et je vous le confie. J'ai la direction de la partie secrète de la province ; je pourrai les soustraire au châtiment, en disant que je les avais chargés, à la faveur de la langue, de prendre quelques renseignemens utiles pour moi; je sauverai ainsi ces trois hommes, qui n'ont cédé peut-être qu'à un moment d'égarement.

O braté! s'écrie-t-il alors dans son transport...... Puis il me laisse un instant, et court chercher sa femme et son fils, qui m'embrassent, en versant des larmes d'attendrissement.

Ma femme, cours vite les avertir! dit-il. Les pauvres gens, répétait-il, en essuyant son visage; ils dormiront cette nuit! Elle court les chercher; ils arrivent,..... Leur contenance, l'anxiété qui les trouble, et qui se marque sur tous leurs traits, est difficile à peindre. Ils se jettent à mes pieds; je les relève et les rassure, en leur faisant néanmoins une vive réprimande, et leur faisant comprendre le cas fâcheux où ils s'étaient mis par leur fuite. Cette réprimande les effraie, tous, de nouveau.... Mes hôtes tremblans m'environnent, en me conjurant de pardonner.

Soyez tranquilles, leur dis-je; si vous

gardez le secret. Que ces trois hommes se retirent; je compte sur eux; qu'ils ne reparaissent plus dans le village que lorsque je leur ordonnerai de se rendre auprès de moi.

On les congédia. Tout se passa bien, et sans que personne ait jamais pénétré la conduite que j'avais tenue dans cette circonstance; je les emmenai. La reconnaissance du pope et de sa famille me montra jusqu'à quel degré ces braves gens poussent la sensibilité.

Il est possible que des partisans exagérés de la discipline militaire, de ces cœurs durs comme leur cuirasse, condamnent le mouvement d'humanité qui me porta à sauver ces trois malheureux déserteurs. L'inflexibilité de la loi, diront-ils, et votre strict devoir, auraient dû vous empêcher, colonel, d'écouter tout autre sentiment que celui de faire punir les trois coquins qui avaient quitté leurs drapeaux. Je ne répondrai point à cela par des raisonnemens. Il est des hommes (et malheureusement dans notre état, comme dans tout autre,) qui semblent avoir fait un divorce volontaire avec tout sentiment humain, et qui même s'en font gloire. Punir, battre, tuer : voilà ce qu'ils connaissent de beau dans le métier. C'était la tactique prussienne qui avait inoculé ces belles idées dans la France; et l'on ne trouve encore aujourd'hui que trop de ces officiers à grands principes, disent-ils, qui ne voient dans le soldat qu'un automate qu'il faut faire marcher à coups de bâton, et punir sans pitié, comme sans considération.

Je crois connaître autant que qui ce soit la nécessité de la discipline, l'autorité qu'il y faut maintenir; et j'ai commandé assez long-temps des hommes, pour savoir comment on obtient d'eux l'obéissance et l'amour du devoir; mais je n'en atteste pas moins ici, que je ne me repens nullement de la conduite que je tins dans cette occasion, et qu'assurément je tiendrais encore, si pareil cas se présentait. Je rendis trois hommes utiles à leur corps; j'empêchai ces trois hommes de prendre sans doute parti contre nous. Cela vaut bien l'honneur et l'avantage de les avoir fait périr, peut-être, en prison ou dans les fers.

Six jours après cette affaire, ayant terminé mes courses de la vallée sur tous ses points, nous partîmes pour nous rendre à *Stagnevich*, où nous étions attendus depuis plusieurs jours, et où nous arrivâmes fort tard.

La marche devient, dans ce trajet, très laborieuse, par Monte-Nudo et Monte-Orlich. Cette direction, inévitable pour ne pas faire de détours d'une ou deux journées, est coupée d'une multiplicité de ravins et de précipices. Enfin, marcher à travers les buissons et les broussailles, voilà la corvée que nous dûmes faire pendant trois jours, sans pouvoir l'éviter ; nous étions exténués.

Nous fûmes dédommagés en arrivant. On nous donna des soins infinis. On nous fit souper de bonne heure ; chacun prit bientôt le parti de la retraite. Nous eûmes de très bons lits.

Stagnevich n'était autrefois qu'un poste avancé, construit par la république de Venise, sur le *Monte Giurgevo-Jdrido*, aux confins des bouches de Cattaro, précisément au versant méridional, où se tenait une petite garnison, pour prévenir et arrêter les incursions des Monténégrins.

Lors de la décadence de la puissance vénitienne, les Monténégrins s'emparèrent de ce poste. Il y a quelques années que le Wladika fit bâtir au même endroit, pour son logement particulier, un corps de bâtiment, dont tous les étages sont voûtés, et où il établit un couvent.

Avant cette époque, sa résidence était uniquement à Cettigné, où l'avaient toujours eue ses prédécesseurs; il alterne aujourd'hui, de manière que sa résidence officielle le fixe au couvent de Cettigné l'été, et à Stagnevich l'hiver.

C'est presque du pied des murs de ce couvent que coulent deux fontaines qui forment, un peu plus bas, deux petites rivières; à droite, la *Drémostizza*, qui se jette dans la baie de Jassy sous Budua; à gauche, la *Belastizza*, dans le golfe même de Budua, à la distance d'un quart de lieue de cet endroit.

Le couvent de Stagnevich a plus l'air d'un fort que d'un humble manoir de cénobites : c'est de là que, toutes les fois qu'il survient quelques motifs de divisions, on observe les mouvemens de la province; et d'où se répandent, sur toutes les routes, des détachemens monténégrins, pour saisir la correspondance, intercepter les communications, et enlever les postes isolés. Avant même que les Vénitiens eussent consenti à la cession de ce lieu, les Monténégrins avaient établi, depuis long-temps, un petit fort en pierres sèches, dans le voisinage et à la portée du fusil de ce monastère.

L'usage de faire servir les couvens à deux fins, savoir, comme lieux de retraite pour des moines, et en même temps comme points de défense ou d'observation en temps de guerre, est fort commun dans toutes les contrées orientales. Les Grecs l'ont adopté des Arabes, des Maronites de la Terre-Sainte, et des établissemens pieux, mais isolés de l'islamisme. Le couvent du Mont-Carmel en Palestine est en même temps une forteresse très importante qui domine tout le pays environnant, et qui est toujours bien garnie de munitions de guerre. C'est à quoi a bien pensé l'évêque du Montenegro, en occupant le couvent de Stagnevich.

Il n'y avait, au temps de mon passage, que trois moines en ce couvent; tous les trois étaient fort instruits. Le père *Juletich*, particulièrement, faisait profession d'une certaine philosophie qui n'était point obscurcie par les préjugés de son état. Il s'occupait d'histoire naturelle avec succès.

« J'aime les Français, me disait-il un jour. » Tout ce qu'ils ont fait de grand dément » bien la légèreté qu'on leur impute; mais » je les crois vains et tracassiers. Ne t'of- » fense pas, commandant, ceci ne dit rien » contre le cœur. Je les crois bons et hu- » mains, et c'est leur premier titre à mon

» affection. » Je ne pus lui savoir mauvais gré de sa franchise.

Oui, sans doute, les Français en général sont bons et humains, malgré l'affectation avec laquelle des misérables, indignes de porter ce beau nom, tâchent d'accréditer l'opinion que la nation française est un peuple d'anthropophages, de cannibales à exterminer de dessus la terre. Ce sont, surtout, les fauteurs du despotisme politique ou religieux, qui, depuis nos troubles, ont répandu, de tout leur pouvoir, cette odieuse calomnie, contre une nation brave, éclairée, sensible; mais qui répugne maintenant, et qui répugnera toujours, à courber le front sous le couteau de l'arbitraire, ou sous les vils poignards du fanatisme. En vain des énergumènes parcourent nos villes et nos campagnes, pour fasciner les yeux et les oreilles des hommes simples qu'ils croient séduire; en vain, par leurs bruyantes prédications, ils essaient d'en imposer à la multitude; un sentiment intérieur les repousse; on devine le but secret où ils tendent, et bien peu sont leurs dupes. L'argent, le pouvoir, et les honneurs, chacun voit bien que c'est là ce qu'ils veulent. Tous les moyens leur sont bons. Calomnier tout un peuple ne leur coûte rien, et surtout le peindre bien en noir dans l'étranger.

Les environs du couvent de Stagnevich ne m'offrirent rien d'intéressant. Il est assis sur un sol presque nu; quelques misérables coins de jardins mal entretenus se montrent dégradés par des amas de roches, qu'on n'a pas même pris soin de masquer par aucune plantation dans les intervalles. Tout y est abandonné au hasard; mais on est dédommagé par le majestueux développement du vaste horizon qu'offre la mer Adriatique, où l'œil, sans obstacle, s'abandonne jusqu'au terme que peut mesurer la faculté visuelle.

Après quelques jours de repos, nous partîmes de *Stagnevich* pour nous rendre à *Miraz*, en suivant les versans, autant pour prolonger l'admiration de tant de perspectives à l'extérieur du pays, que pour mieux juger, à l'intérieur, de l'ensemble des parties que je n'avais pu parcourir.

En descendant du mont *Coloxum* pour nous rapprocher de *Miraz*, et à mi-côte du premier échelon, sur le sentier qui, de la Trinité, conduit à ce village, nous nous arrêtâmes à la fontaine de *Tipogljevar*; elle est au tournant de *Stuccovich*, à une lieue de la province de Cattaro. C'est la deuxième fontaine d'eaux minérales potables; elles sortent d'une source assez abondante, mais par une action presque imperceptible.

La situation en est charmante, et l'art ne pourrait que la dégrader. L'eau en est extrêmement légère, d'une limpidité qui flatte; elle n'a ni odeur, ni saveur. En la buvant, on éprouve une fraîcheur qui s'accroît encore long-temps dans les intestins, presque jusqu'à la douleur, avec une suite rapide de mouvemens qui en indiquent le prompt effet purgatif.

La présence, et même l'abondance de tant de sources, annoncent d'une manière irréfragable les richesses minérales de tout ce pays, dont les habitans pourraient si bien tirer parti, comme l'ont dû faire leurs ancêtres dans la plus haute antiquité, si l'on en juge par certains débris, certaines excavations, où l'on ne peut s'empêcher de reconnaître la main de l'homme. Il est difficile de prévoir à quelle époque les Monténégrins seront assez avancés dans la civilisation, et dans la connaissance des arts, pour pouvoir exploiter les matières importantes que recèlent leurs montagnes. Sans doute il faudra bien des siècles, et bien des changemens de gouvernement avant d'arriver là. L'époque actuelle peut préparer bien des mutations. Il faut voir ce que va devenir la levée de bouclier d'Ali pacha.

Le journal constitutionnel du 29 mai 1820, parle, ainsi que tous les autres, des projets de résistance contre la Porte, auxquels se prépare le fameux pacha de Janina. L'on peut juger, d'après son caractère connu, qu'il ne sera pas homme à céder. Il faudra lui faire une guerre en règle, et l'on ne sait trop qui des deux, du grand-seigneur ou du vieux Ali, l'emportera.

En attendant, il paraît qu'il veut mettre en jeu les Grecs; et que, pour se les attacher, il a embrassé leur religion. Mais il semble bien difficile que les habitans de ces contrées, qu'il a tant molestés comme Turc, aient un grand attachement pour lui. L'eau de son baptême, dit très bien le journaliste, éteindra-t-elle les flammes qui ont consumé Parga ?

Il n'existe pas d'exemples, dans l'histoire, d'une perfidie politique aussi atroce, d'un trait de machiavélisme aussi déhonté, d'une cruauté de peuple à peuple, enfin, plus épouvantable que celle qui s'est exécutée contre Parga, l'année dernière, par l'influence du cabinet anglais. L'indignation qu'en a témoignée ouvertement l'Europe entière, retentit encore dans le cœur de toute âme honnête et sensible. Les malheureux Parganiotes, obligés de s'enfuir partout où ils ont pu trouver quelque asile pour leurs femmes et leurs enfans, échappés à grande peine au sabre des satellites d'*Ali pacha*, consentiront-ils aujourd'hui à se fier à ses promesses, à se livrer dans ses mains, à faire cause commune avec lui dans sa révolte contre la puissance musulmane, parce qu'il a jeté son turban dans la piscine chrétienne, et mis la *croix* à la place du *croissant*? Ne se diront-ils pas que les hommes de cette espèce n'ont de religion que celle qui convient à leur intérêt?

Nous ignorons quel parti vont prendre les Monténégrins, dans cette occurrence. L'affaiblissement des Turcs, de quelque main qu'il parte, est ce qui leur convient. D'une manière ou d'autre, ils ne peuvent qu'y gagner.

CHAPITRE XIII.

Retour à Cattaro. — Recueil de mes observations. — Repos nécessaire à la suite de tant de courses.

Nous arrivâmes de bonne heure à *Miraz*, où j'avais résolu de rester deux jours pour nous refaire de nos fatigues, et pour nous donner quelques soins avant de reparaître dans la province.

J'envoyai chercher tout ce qui nous était nécessaire; nous étions dans un désordre inexprimable, ou, pour mieux dire, en lambeaux. On le supposera facilement, après tant de courses à pied.

Ce serait peut-être ici le lieu de répondre par quelques bonnes plaisanteries, et en style bien ironique, à messieurs les auteurs du journal de Malte, ou plutôt aux Anglais qui en dirigent la rédaction. Ce serait le cas d'inviter ces bonnes âmes, si bien instruites de l'importance de ma prétendue mission, à venir voir M. l'envoyé, M. le négociateur, M. le plénipotentiaire, comme ils voudront, dans le galetas qu'il occupait à Miraz, les pieds un peu enflés, bien boutonné dans sa houppelande, assis sur le pied de son lit, déployant et recollant de son mieux le peu de *plantes* qu'il avait pu rapporter avec son chasseur; ne songeant pas plus à la politique qu'au bal de l'Opéra; bien content, certes, de son voyage et de toutes les honnêtetés qu'il avait reçues des habitans, grands et petits. Mais quelle analogie pourraient-ils établir entre un observateur de la nature, tel que moi, et le stipendié d'un cabinet, d'un agent de la cour de Saint-James, par exemple, bien payé pour aller brouiller tout, semer la discorde, souffler la guerre, tromper les rois, les peuples, et bouleverser l'univers, s'il le pouvait, pour enrichir quelques marchands, quelques vils olygarques de son pays?

Miraz est la commune la plus voisine des

confins. Elle est remarquable par le traité du mois de juin 1812, entre le Wladika et le baron Gauthier, dont nous avons parlé. Les environs n'en sont pas désagréables. La culture y est importante. Les habitans, en raison de leurs rapports journaliers avec les provinciaux de Cattaro, sont moins farouches que ceux des points opposés.

C'est dans cette commune, que fixant le terme de mes courses, n'étant plus occupé du lendemain, et libre de moi-même, je pus me rendre compte de l'ensemble de ce pays, par la comparaison des détails.

Il est démontré, par la simple inspection de la carte, que l'inclinaison du plan général se dirige d'*ouest* en *est* pour tout le territoire du Montenegro et des monts supérieurs; *d'est* en *ouest* pour tout ce qui apartient aux deux Zantes; et que toutes les rivières et ruisseaux ont leur cours vers le lac de Scutari, qui en est le bassin commun.

Mais comme le Montenegro, considéré en masse, est un amas de montagnes inaccessibles dans plusieurs points, de précipices dont le fond échappe à la vue, de torrens impétueux, qui entraînent tout, et qui, dans leur cours dévastateur, changent souvent la face de ces lieux, d'autres enfin qui se perdent dans de noirs abîmes, il suit de là mille accidens de situation locale qui se font plus particulièrement remarquer dans la partie la plus élevée; celle, surtout, qui se rapproche le plus de la crête des montagnes limitrophes du golfe de Cattaro, dans la circonscription de *Monte-Sello*, *Verba*, *Çucé*, *Buccovizza* et *Bielizze*.

Tous ces gouffres effroyables que l'on y rencontre à chaque pas, sont autant d'immenses réservoirs aux nombreuses sources que l'on voit s'ouvrir avec l'action d'une force répulsive de masse et de pesanteur spécifique, en mille endroits, sur les bords du canal et dans le canal même de Cattaro.

Les plus considérables sortent du pied de la montagne, qui, par une gradation insensible, s'élevant de la profondeur des mers jusqu'au séjour des orages, semblent y revendiquer les eaux enlevées, par l'évaporation diurne, à cette étonnante multiplicité de fontaines, de cascades, de ruisseaux et de torrens qui impriment un courant si rapide à ce canal.

Des voyageurs plus habiles que moi en cosmologie pourraient s'étendre ici très savamment sur les effets et les causes de ces phénomènes, que j'ai très bien observés, mais sur lesquels il ne me siérait pas d'établir de longues discussions, qui supposeraient des études qui n'ont pas fait partie de mon éducation, ni de mes vues personnelles. L'observation de la nature prise, en général, offre tant de divisions et de classes séparées, que peu d'hommes peuvent se livrer à un grand nombre à la fois. La grandeur, la majesté du spectacle attire, étonne; mais les causes échappent.

On a effectivement de la peine à concevoir l'immense quantité d'eau contenue dans ces réservoirs, surtout lorsque, après un laps de cinq à six mois de cessation de pluies, on les voit pleins et sans altération. Tant de circonstances tendent à prouver la communication immédiate de ces eaux souterraines avec ces réservoirs : car, outre la dégradation toujours très précipitée qui résulte d'un orage, la dégradation successive qui s'opère journellement est plus lente en s'éloignant de l'époque qui la produisit; la teinte rembrunie des eaux, les terres et les feuilles mêmes de certains arbres, qui ne sont qu'au Montenegro, et qu'elles entraînent à leur suite, ne peuvent laisser aucun doute à cet égard, c'est-à-dire, à la communication existante.

D'autres remarques se joignent à ces observations. Pendant la saison la plus fixe, dans les plus beaux jours de l'année, au sein du calme le plus parfait, sous le ciel le plus pur, le plus vif, et même sans qu'il y ait à l'horizon du littoral la moindre apparence de nuages, soudain l'on entend gronder le tonnerre dans l'espace, à la direction du centre du Montenegro.

C'est peut-être une chose particulière et exclusive à ce pays, que les orages extraordinaires et bruyans, dont on ne voit ni le noyau, ni le siége, dans la portion de l'atmosphère qui est au-dessus de l'observateur. La répercussion et les divers accidens de la marche du *son* dans ces montagnes, sont, sans doute, les causes assignables de ces effets; mais d'après quelles lois physiques pourrait-on les établir, les apprécier? C'est ce qu'il est impossible de décider jusqu'à présent. S'il était plus facile de pénétrer dans cette contrée; si l'on pouvait y fixer des lieux d'observation; si des savans, des physiciens, pouvaient même y trouver à se loger, à y passer quelque temps en sécurité, probablement il en résulterait quelques lumières, et peut-être alors quelques avantages pour le pays lui-même; mais loin de là, les habitans, poussés par la méfiance, y apporteraient mille obstacles, et les prêtres inquiets ne s'y prêteraient pas. Ces derniers aiment mieux que l'on ne devienne point si savant; ils préfèrent trembler de peur, pour leur propre compte, pendant ces terribles orages, et recevoir quelques écus, que la frayeur du peuple leur produit.

Là, effectivement, ce n'est pas le bruit ordinaire du tonnerre qui frappe les oreilles; les bruyantes détonations de la foudre, mille fois répétées en même temps, par mille souterrains, produisent un enchaînement de sons épouvantables; c'est un vacarme qui attriste et confond l'âme. Le Montenegro semble ébranlé jusqu'en ses fondemens.

Cinq ou six heures après, les eaux montent dans le canal de Cattaro, et sortent avec tant d'abondance de toutes les sources, que l'on voit sensiblement le combat, et les efforts de l'eau douce contre les flots de la mer, qui semblent vouloir se refuser à l'amalgame.

Alors, le bassin de la porte Gordizzio à Cattaro bouillonne avec une précipitation frappante; la *Fiumère* se gonfle, les eaux d'Orocavaz, celles surtout de la Glinta, dont la source est au niveau de la mer, se pressent avec tant de violence, que la montagne paraît être en mouvement.

La *Fiumère*, qui naît immédiatement au pied de la montagne, et qui paraît suinter des pores de la terre, grossit tout à coup d'une manière si considérable, qu'à vingt pas au-dessous de sa source, c'est déjà une forte rivière qui fait tourner trois moulins.

Lors des éruptions fortuites de la *Glinta*, lors des orages, si l'on se place à sept ou huit brasses au-dessus, en appuyant l'estomac sur le sol, ou sur une pierre qui y communique, ou enfin aux parois de la montagne, on éprouve dans les entrailles un trémoussement sensible et fatigant.

Dans ces mêmes jours d'orage, le puits si connu à Cattaro, sous le nom de *Trou du Diable*, presque toujours comblé de pierres que les enfans y jettent, se débarrasse tout d'un coup de son dépôt; la force des eaux y est telle, qu'elles s'exhaussent à deux et souvent trois pieds au-dessus de sa margelle. Rien ne leur résiste dans l'instant de cette éruption. On a vu y jeter, j'y ai jeté moi-même des pierres du poids d'une livre graduellement jusqu'à huit et dix; elles n'arrivaient jamais à la profondeur de trois pieds; souvent même, malgré la force d'action, elles étaient rejetées sans disparaître de la vue.

Ce phénomène et celui du bouillonnement de la porte Gordizzio, ont fait craindre que le terrain sur lequel est assise la ville de Cattaro, ne soit excavé, et la ville menacée d'être un jour engloutie.

On se fonde sur quelques exemples; on rapporte, entre autres, celui de la ville de Risano, nommée, du temps des Romains, *Rhisonicum*. Elle a donné son nom au golfe de Cattaro, qu'on connaît, encore aujourd'hui, sous le nom de *Sinus Rhisonicus*.

Cette ville, bâtie dans l'enfoncement, à gauche de l'abbaye de la Madone, fut engloutie à la suite d'un grand tremblement de terre. Les habitans échappés se retirèrent au *Teodo*, terrain fertile et précieux, l'Eden de la province de Cattaro, où ils bâtirent une ville, florissante déjà avant l'ère chrétienne.

Risano était la résidence de la reine *Teula*, veuve d'Agron, roi des Illyriens; la même qui, tandis qu'elle faisait placer une énorme chaîne au détroit, nommé depuis, pour cette raison, *Delle Catene*, pour le défendre contre les incursions des pirates, encourageait ses sujets à pirater, et faisait périr ignominieusement (l'an de Rome 224) l'ambassadeur Lucius Coruncanus, envoyé par le sénat romain, pour se plaindre des brigandages de cette princesse.

Sa chaîne n'empêcha pas que, deux ans après, sa ville ne fût saccagée, et réduite elle-même à payer un tribut considérable au peuple romain, après avoir perdu sa souveraineté de Corfou, qu'ils lui enlevèrent par la force des armes.

On ne conteste pas que cette ville n'ait été engloutie ; mais sa position et celle de Cattaro étaient au fond bien différentes ; on ne met pas en doute non plus, qu'elle ne fût importante, puisqu'il existe encore à Risano des traces de quelque antique splendeur. Les immenses ruines d'un vieux château à mi-côte, semblent dire qu'il était destiné à la défense d'une importante cité, ou à l'habitation d'un grand personnage.

Quoique l'on ne conteste pas ici formellement la destruction de Risano par un engloutissement dans les eaux, on ne craint pas cependant d'élever des doutes sur la réalité de cet événement. Il est plus probable que cette ville aura été brûlée, saccagée, détruite, par les effets d'un siége. Il se serait formé un golfe, un enfoncement quelconque dans les terres, si une alluvion aussi considérable eût eu lieu. Le sol environnant tient aux profondes racines des rochers du Montenegro, qui n'ont jamais été ébranlés, de temps immémorial, et qui paraissent former un des points les plus fermes de l'ostéogonie de notre planète. Ce qui reste encore des débris de cette ville confirme l'opinion qu'elle n'a pas été détruite par une irruption de la mer. On peut s'en convaincre par les détails suivans:

On y voit les restes d'un très beau pavé en mosaïque, dans l'étendue d'environ dix mètres de long sur trois de large, sans en pouvoir découvrir le terme caché sous des atterrissemens successifs, dont le déblai, qui coûterait beaucoup, n'est d'aucun motif pour les habitans. C'est peut-être le pavé de la galerie d'un vaste palais, voisin du torrent de Risano, et dont l'aile gauche aurait été parallèle à son cours. Les dessins en sont très variés, et quoique les couleurs en soient ternies, on les distingue parfaitement à l'aide de l'eau qui, répandue, de temps en temps, sur la surface, en ravive l'éclat.

D'après les rapports qui m'étaient parvenus, qu'un vigneron, travaillant dans son héritage, avait trouvé plusieurs vases pleins d'une poussière subtile, je me rendis sur les lieux avec MM. Frascaretti, de Vitalba et Berganini, tous trois également versés dans les sciences, et possédant surtout l'histoire du monde. Nous reconnûmes plusieurs débris d'urnes cinéraires, regrettant beaucoup de n'en rencontrer aucune en son entier.

J'ordonnai des fouilles. Un instant notre espoir fut flatté. Nous entendîmes résonner, et nous recommandâmes l'attention. Une urne s'offre à la vue; mais un coup lancé avec maladresse la brise. Il s'en exhale aussitôt une vapeur légère, et les parois restent empreints d'un tiers de ligne de poudre *gris-jaune* et médiocrement *gras-humide*. L'espoir me fit entreprendre moi-même les recherches : une deuxième urne se brisa sous mon instrument ; quelques soins que je prisse, les fouilles ultérieures ne produisirent que des fragmens ; toutes tombaient presqu'en dissolution en paraissant à l'air, sans que nous ayons pu expliquer la raison de ce phénomène. Nous renonçâmes au travail que nous assignâmes à un autre jour, et que tant d'incidens survenus depuis dans la province, ne nous ont jamais permis d'effectuer.

Toutes les urnes étaient de forme étrusque, d'une pâte très grossière, incrustée de grains rabotteux et de couleur rougeâtre ; des serpens doubles formaient les anses et aboutissaient, par *la queue*, à une tête de buffle tenant, au mufle, un anneau elliptique.

Dans ce même endroit, on voit encore deux pierres tumulaires sans inscription déchiffrable. Sur l'une on distingue, vers le milieu, un P.

L'autre, qui est toute rongée par le temps et l'humidité, ne laisse d'apparent qu'un X vers le milieu; à la partie la plus inférieure, trois CCC, dans cet ordre, avec la figure d'une souris, au trait seulement. Ces pierres ont six pieds de long sur trois et demi de large.

Pour ce qui est de la deuxième assertion, je veux dire l'engloutissement des terres, comme on l'entend, relativement à Cattaro, qu'on présume à tort être creusé, elle paraît bien moins fondée.

Il paraîtrait, d'après la construction de ces monumens aujourd'hui informes, et dont les inscriptions ne peuvent être éclaircies, qu'ils appartiennent aux premiers siècles de la puissance romaine. Cette époque est, en général, fort obscure; et l'on ne peut rien obtenir dans le Montenegro qui puisse guider les recherches en ce genre. On ne peut nier, cependant, que cette contrée n'ait été parcourue par les Romains, et même explorée avec quelque soin. On y trouve des traces de voies romaines, encore assez bien conservées; mais ces vestiges se détériorent et s'évanouissent peu à peu, sans profit pour la science ni pour l'histoire. Les habitans ne se doutent pas de ce genre de richesses; ils n'en ont pas même d'idée.

On voit encore en deux endroits, au fond de la mer qui baigne le rivage sous Risano, les restes d'un bâtiment monumental. A la manière dont il est placé sous les eaux, il paraît qu'il était bâti absolument sur le rivage : qu'il aurait été ruiné par les flots, ou renversé par quelque tremblement de terre, de façon que de grandes masses bien liées ensemble par le ciment des anciens, seraient tombées entières. Sans doute, ce monument était fondé sur des atterrissemens; tandis que Cattaro repose sur le plan d'un corps de rochers, et ne court pas ce risque; il n'y a certainement aucune raison de le craindre.

On peut dire en général que tous les rochers du Montenegro ne semblent appartenir qu'à un seul bloc, surtout en approchant de la base. Or, c'est sur les plans avancés de cette base très solide, qu'est assise la ville de Cattaro, et non pas sur un terrain mobile.

Les femmes, charmantes en général, qui embellissent ce séjour, et dont de prétendus savans cherchent à troubler le repos, en les menaçant d'un engloutissement de leur ville, peuvent, je crois, dormir tranquilles. Le sol sur lequel elles reposent, est à coup sûr un des mieux affermis du globe.

Tout ce qui domine le littoral est boisé, au nord de chaque montagne; les plus importantes parties, comme la *Katunska*, la *Rieska* et la *Piessivaska*, sont couvertes aux deux tiers de bois de futaie, dont il serait possible de tirer grand parti, si les Monténégrins étaient plus aptes au travail, ou s'ils pouvaient revenir de cette haine invétérée qu'ils ont contre les Turcs, et leur permettre l'extraction des bois par le lac, jusque sur l'Adriatique. Avec quelques travaux de peu d'importance, ils rendraient navigables la *Schinizza* et le *Ricowezernowich*, jusqu'aux distances favorables à ce projet.

Une autre partie, est celle qui se compose de tant de rochers décharnés, dont j'ai tracé si souvent le hideux tableau. Aussi faut-il convenir qu'après le peu de points privilégiés que j'ai fait valoir, d'autant plus que je les décrivais à côté d'horribles contrastes, il reste peu de surfaces disponibles à l'industrie de la culture. Il ne faut pas s'étonner, par conséquent, du petit nombre d'habitans du Montenegro. Tous les villages y sont éloignés les uns des autres, et les communications, partout, extrêmement difficiles.

Néanmoins, il ne faut pas mesurer la valeur des peuples, ni par leur nombre, ni par la surface étroite qu'ils occupent sur le globe. Telle peuplade ignorée aux extrémités de la terre, par un événement inattendu, sort tout à coup d'une obscurité profonde, et vient étonner l'univers, et de son existence, et de ses entreprises. Il ne faut qu'une tête! L'antiquité, que dis-je, des temps qui s'éloignent peu du nôtre, le prouvent. S'il en était autrement, les mauvais plaisans pourraient m'appliquer le *parturiunt montes* dans le sens littéral de la fable, car je n'ai entretenu mes lecteurs que de *montagnes ;* mais avec l'accroissement du territoire monténégrin dans le cours de douze années, par les vues audacieuses d'un chef illuminé, on pourrait prédire le *parturiunt montes* des Monténégrins, sous des rapports inquiétans ; surtout s'il convient à une grande puissance de s'emparer du caractère belliqueux et téméraire de ce peuple, comme d'un levier propre à mouvoir de grandes masses, à la faveur d'une impulsion habilement combinée et de savantes diversions.

On comprendra sans peine que je veux parler, ici, de l'immense parti que pourrait tirer la puissance russe de son influence et de son pouvoir sur les Monténégrins, à l'aide d'un Wladika aussi dévoué que l'évêque de 1812. Si jamais l'empereur Alexandre voulait continuer le projet favori de l'illustre Catherine II, il ne trouverait nulle part des coopérateurs plus déterminés. Vingt mille guerriers du Montenegro, commandés par un de leurs chefs, sous la direction d'un général russe, de la trempe d'un Suwarow, feraient dans la Turquie européenne une irruption à laquelle rien ne résisterait; et qui, dans le trajet, se grossirait de l'assistance de soixante mille Grecs, dont la vieille haine n'attend probablement que l'occasion. Alors il serait permis d'espérer la réhabilitation de la liberté, celle du génie, des arts, des sciences et de l'antique civilisation dans ces contrées célèbres, où brillèrent les plus grands hommes du monde connu.

Avec les lumières dont l'éclat actuel vivifie l'Europe, on n'aurait point à craindre, sans doute, qu'une aussi désirable révolution ne tournât qu'au profit du despotisme des princes ou des prêtres. Le respect pour l'humanité, pour les droits des peuples, éteint peu à peu les vieilles idées de l'oppression qui a pesé si long-temps sur les nations abruties. Tous les mouvemens considérables qui pourront avoir lieu désormais, consacreront de plus en plus les vérités politiques, dont la puissance subjugue les plus récalcitrans.

Les prétentions ultramontaines ne sont pas prêtes à abandonner le champ de bataille, on ne le sait que trop; mais les armes du fanatisme s'usent insensiblement. L'ermite Pierre et saint Bernard ne brilleraient certainement pas dans nos temps. Les exagérations du pouvoir temporel croulent également de toutes parts. Les peuples sont aujourd'hui comptés pour quelque chose; partout on veut des constitutions justes et raisonnables. Il est donc à croire que tout changement dans la partie turque qui nous avoisine, ne pourrait être que favorable à l'humanité civilisée.

Enfin, décidé à rentrer chez moi, plein d'idées comparatives, riche de notes et de croquis, pris sur les lieux, et pourvu de diverses semences intéressantes, je partis de *Miraz*, vers midi, pour me rendre à Cattaro, dont toute la garnison, comme les habitans, témoignèrent la plus grande surprise de mon retour. Tant les préventions contre les Monténégrins étaient exagérées ! On doutait que je *pusse* en revenir.

Un dernier trait doit ajouter à la peinture du caractère de ces peuples, et prouver combien l'absence de la civilisation les rend soupçonneux.

Après avoir vécu si long-temps parmi eux, dans une pleine confiance, et en avoir reçu tant de témoignages qui les honorent, il me sembla naturel de ne pas renvoyer ceux de mon escorte, en rentrant dans la place. Je voulus leur faire les honneurs de mon poste ; je les sollicitai vivement de recevoir l'asile dans mon habitation. Long-temps ils refusèrent obstinément. Ils se parlaient bas à l'oreille, et paraissaient agités de mortelles appréhensions. Parmi eux, la plupart avaient figuré dans les scènes sanglantes qui précédèrent mon voyage. Le gouverneur me les avait donnés comme les plus braves, et par conséquent les plus capables de me protéger et de me défendre selon les événemens. J'avoue, toutefois, qu'il fallait être inspiré par une grande sécurité pour se livrer à de tels hommes, qui, deux mois auparavant, avaient assassiné nos compatriotes; plus tard, j'en ai frémi en secret. Certes, je n'y retournerais pas seul, surtout après la publication de cet écrit. Plus d'un, peut-être, riront en lisant cet aveu.

Il est certain qu'en traversant le pays, on leur avait insinué quelques doutes sur les vrais motifs de mon voyage. On avait été jusqu'à leur faire craindre que je n'eusse eu d'autre but que de les attirer dans nos remparts. La plupart étaient des chefs les plus accrédités par leur fortune, leurs alliances et un courage à toute épreuve; ils étaient les régulateurs de toutes les opinions et des opérations les plus importantes. Chers au peuple, ils le savaient, et ne voulaient pas s'exposer à une surprise.

Comment pourrait-on blâmer une certaine réserve de leur part? Il fallait, j'ose le dire, toute la franchise des manières que je ne cessai de mettre avec eux, pour conserver leur confiance jusqu'au bout, et me tirer de leurs mains avec autant de sécurité. La défiance est naturelle chez les hommes peu civilisés, et qui sentent fort bien que nous avons sur eux l'avantage de nos lumières et d'une astuce plus profonde que la leur pour les tromper.

Je ne cache pas que plusieurs avaient fini par m'aimer personnellement, et se seraient fiés entièrement sur mon caractère; mais à mesure qu'ils approchaient avec moi de nos frontières, et qu'ils me supposaient devoir être bientôt plus en force, leur confiance faiblissait; ils craignaient je ne sais quoi; on voyait qu'ils combattaient contre un sentiment intérieur qui les dominait malgré eux. Je m'en apercevais très bien, et je n'en prenais que plus de précautions pour détourner leurs idées pénibles : mais ce soin même trahissait mes propres craintes, et nous cessions, sans le vouloir, d'être à l'aise les uns vis-à-vis des autres. Je les observais, à mesure que nous approchions de Cattaro, se regardant d'un air inquiet, interrogatif, et jetant, à chaque pas, des regards prolongés derrière eux, comme pour se dire : Il est temps, *allons-*

nous-en. Les murailles de la ville semblaient les pétrifier; ils n'avançaient qu'en hésitant; enfin il était clair que nous allions avoir une explication quelconque avant d'arriver aux portes, et je n'osais pas trop commencer; j'aimai mieux les voir venir.

Depuis long-temps, il faut le dire, ils n'étaient admis dans aucune de nos places. Aucun n'avait encore osé paraître dans celle de Cattaro, même à la faveur du traité de *Lastwa;* ils me témoignèrent leurs inquiétudes; je me plaignis de leurs soupçons. — « Ce n'est pas toi que nous craignons, me » dit l'un d'eux; s'il fallait combattre, nous » irions partout avec toi; mais tu peux igno- » rer la trahison, et en être l'instrument. » —Non, non; entrez, leur répliquai-je; vous êtes ici sous ma sauvegarde. Les miens sont gens d'honneur; aucun d'eux ne tentera jamais rien sur vous; vous apprendrez quel est le pouvoir du droit des gens, et l'ascendant de nos lois. Mon gouvernement a trop la conviction de sa puissance pour descendre jusqu'à la trahison, qui n'est que la ressource des lâches et le calcul de la faiblesse. Ne me suis-je pas livré seul et sans armes à votre foi, dans des déserts, où l'éloignement, les abîmes, l'inaccessibilité, me rendaient tous les secours impossibles ? Cet exemple de ma confiance en vous doit déterminer la vôtre. Serais-je moins généreux que vous, ou seriez-vous moins confians que moi ? Mes compatriotes, nos soldats ne sont ni moins grands, ni moins hospitaliers que les Monténégrins !

Je leur parlais avec véhémence. Ils m'écoutaient très attentivement. — Donne-moi ta main, me dit l'un d'eux, en me présentant la sienne. — Je la lui serrai fortement, en signe d'adhésion et d'amitié. Dès lors ils m'embrassent tous, et nous entrons aux acclamations de la multitude.

Je les fis loger chez moi, et servir splendidement, un peu par ostentation peut-être. J'ose croire qu'on me la pardonnera dans une telle occasion. La qualité seule de colonel français m'en faisait un devoir. Je leur délivrai à chacun un *laissez-passer*, à la faveur duquel ils jouirent de la liberté de vaquer à leur curiosité dans toute la ville, pour laquelle cette circonstance fut une intéressante nouveauté.

CHAPITRE XIV.

Considérations générales sur l'histoire de ce pays, tant ancienne que moderne. —Episode de Georges Castrioto dit Scanderberg.

Avant de terminer, sur les notions historiques et géographiques de l'étrange contrée que je viens de parcourir, le lecteur ne sera pas fâché de revenir avec moi sur l'état ancien de cette partie de l'Epire, et sur les divers événemens qui l'ont rendue célèbre sous un autre nom.

On ne connaît pas précisément l'époque où le nom de *Montenegro*, ou *Montenero*, lui a été donné. Aucun auteur de l'antiquité, ni du moyen âge, n'en fait mention. Sous le règne même du fameux *Scanderberg*, qui s'est tant illustré contre les Turcs, dans ce même pays, et sur ces confins, les habitans n'en étaient point connus sous le nom de Monténégrins, qu'ils portent aujourd'hui. Ils étaient confondus sous celui général d'Epirotes, puis d'Albanais; et puis enfin sous la qualification que nous leur avons trouvée en arrivant à Cattaro, laquelle sans doute date à peine d'un siècle.

Paul-Jove, *Julius-Solinus-Polihistor*, et la *chronique de Mélanthon*, qui parlent avec quelques détails des anciennes possessions de Pyrrhus, roi d'Epire, ne spécifient point d'une manière directe la région particulière qui porte aujourd'hui le nom de Montenegro. Ces auteurs disent, en gros, que dans les montagnes qui couvrent la partie occidentale de l'Albanie, se trouvent des peuplades presque inconnues; des habitans nomades, indisciplinés, qui ne reconnaissent de lois que leurs antiques coutumes; mais qui sont célèbres par leur courage, leur indépendance, et leur attachement à leur parole: (c'est le Montenegro).

Cette partie de la Grèce (absolument étrangère à sa civilisation et à sa supériorité dans les arts), quoique limitrophe de la Macédoine, ne participait point à son illustration. Quelques guerriers isolés pouvaient en sortir, et aller en aventuriers grossir les armées qui s'opposèrent sans cesse aux progrès des Turcs; il est même à croire que c'est principalement à leur courage indomptable que l'Europe, et surtout l'Italie, doivent de n'avoir pas été envahies par les farouches sectateurs de Mahomet; mais aucun prince, jusqu'à nos temps, n'ayant fait de ce peuple de montagnards un corps de nation, elle fût restée dans l'oubli, peut-être, sans les événemens de la fin du siècle dernier, qui ont mis sur la scène les Russes, les Français, et le pacha de Janina.

On a recherché cependant, avec quelque curiosité, d'où la nation épirote ou albanaise a tiré son origine. On a prétendu que les anciens habitans de cette contrée descendaient primitivement d'un peuple d'Italie, dont une colonie se porta jusque dans la Colchide, province d'Asie, sur la côte orientale de la mer Noire, qui répond maintenant à la Géorgie, et qui devint fameuse par l'expédition de Jason et des Argonautes pour la conquête de la toison d'or.

On remarque, dans le caractère aventureux des chefs de cette expédition qui tient à la fable, quelque chose de conforme au génie téméraire du peuple qu'on dit en descendre. Thésée, Pyrithoüs, étaient dignes d'être les pères des Monténégrins d'aujourd'hui; et chez ceux-ci l'on trouverait facilement de dignes descendans, et de vrais *imitateurs* de ces héros de la mythologie.

Pyrrhus, en les emmenant en Italie et en Sicile, ne les éloignait pas tellement de leur ancienne patrie, qu'ils ne s'y reconnussent très bien, dit un commentateur de Strabon. Ce dernier va même jusqu'à présumer que le langage de cette contrée indique plus ou moins cette origine. Cette opinion était celle d'un pape très lettré, très habile, Pie II, qui se fonde sur le sentiment de Trogue Pompée, lequel affirme que la souche des Epirotes ou Albanais est italienne; assurant que des guerriers de l'Albanie suivirent Hercule au sortir d'Italie, après avoir retenu quelque temps les troupeaux de Gérion dans les vallées du mont Alban.

Quoi qu'il en soit, on ne peut guère douter que dans les peuples de l'Albanie, surtout dans ceux qui habitaient les montagnes, ne doivent être compris les ancêtres de ceux qui couvrent aujourd'hui le Montenegro, et qui ont conservé, ou au moins recouvré, cette indépendance nationale qui leur est si chère.

En quel temps, et comment ont-ils embrassé le christianisme? Voilà ce qui n'est pas connu. On voit, il est vrai, leur pays tantôt allié, tantôt dominé par la république vénitienne, dont peu à peu ils ont secoué le joug; c'est probablement avec elle, et par elle, que l'Evangile leur a été connu. L'on ignore aussi à quelle occasion ils ont adopté le rite grec, et pourquoi ils se sont séparés de la communion romaine qu'ils suivaient autrefois, ainsi que le démontrent leurs institutions monastiques, et leur ferveur tout à fait ultramontaine pour saint Spiridion et saint Basile. Il est possible que ce soit vers la même époque où Venise elle-même, fatiguée des prétentions, sans cesse révoltantes, de la cour de Rome, s'en sépara quant à la discipline temporelle, et établit un patriarche dans ses lagunes.

Il paraît évident que cette révolution dans les idées religieuses des Monténégrins ne date pas d'au delà du seizième siècle, puisque le fameux *Castrioto*, autrement dit *Scanderberg*, était, ainsi que tout son pays, catholique romain, en 1450, quoique élevé chez les Turcs, et même circoncis, sans la participation de sa volonté.

Cet homme célèbre, le véritable héros de l'Epire, et avec elle du Montenegro, quoique ce dernier nom n'existât pas encore, mérite que nous nous y arrêtions un moment. Quelques notions de son histoire, de ses guerres contre les mahométans, et du caractère qu'il a déployé pendant son règne de vingt-quatre ans dans l'Albanie, ne dépareront point le voyage au Montenegro. C'est un appendice naturel à la description de ce pays. Ne privons pas cette nation de la gloire qu'elle peut revendiquer, d'avoir à compter un tel homme parmi ses enfans, et d'avoir été si glorieusement gouvernée par lui.

Jean Castrioto, son père, était le chef indépendant d'un petit pays situé sur les confins de la Macédoine. Il avait épousé la fille d'un chef, comme lui, d'une contrée voisine. Il en eut neuf enfans, dont le dernier fut Georges, surnommé depuis *Scanderberg*, ou Alexandre, et qui remplit l'Europe entière de ses exploits.

Jean eut l'imprudence ou le malheur de se brouiller avec Amurat, empereur des Turcs, qui d'un trait de plume pouvait le rayer du nombre des princes indépendans. Pour éviter d'être chassé de ses petits Etats, Jean consentit à un traité avec le sultan, en vertu duquel il lui payait un tribut, et lui donna pour otages trois de ses fils, parmi lesquels était le jeune Georges, encore dans l'enfance.

La première chose que fit le Turc, qui se prit d'inclination pour son petit prisonnier, fut de le faire circoncire, et de l'élever dans la religion mahométane, sans que l'enfant se doutât seulement s'il faisait bien ou mal. Il fut traité comme le fils même du grand-seigneur, et reçut l'instruction de tous les maîtres qui purent se trouver. La nature l'avait tellement favorisé de ses dons, qu'il excella dans toutes les parties de son éducation, et notamment dans tous les exercices du corps.

Dans ce temps, la force personnelle, et de grandes qualités physiques, étaient comptées pour quelque chose. On n'élevait pas comme aujourd'hui les princes dans une mollesse qui affaiblit leur corps, comme elle rabaisse leur âme. On voulait qu'un homme, destiné à commander à d'autres hommes, fût en état de payer de sa personne dans l'occasion. L'estime qu'on lui portait, et le dévouement dont on se faisait gloire de l'honorer, se mesuraient sur des qualités positives, et sur la certitude que l'on trouvait en lui non-seulement le courage et la force d'âme nécessaires à un prince, mais encore la vigueur et la puissance capables d'en imposer aux ennemis.

Or, c'est en quoi brillait principalement le jeune Castrioto. A seize ans il était devenu d'une taille superbe, bien prise, et fortifiée par l'exercice. Il maniait un cheval avec l'adresse la plus extraordinaire, ne connaissait personne qui fût plus fort que lui dans l'usage de toutes les armes, avait l'œil aussi juste que la main, et annonçait une supériorité décidée sur tous les compagnons de sa jeunesse.

Amurat ne pouvait se lasser de l'admirer; il essaya de lui faire perdre l'idée de ses parens, de sa patrie, et de lui laisser croire définitivement qu'il était né Turc, et qu'il appartenait à ce pays. Il se défit en secret des deux frères qu'à peine Georges connaissait, et n'oublia rien pour lui faire aimer sa condition. Mais, sans rien dire, celui-ci se souvenait toujours qu'il était né chrétien; il ne pouvait oublier ses parens, surtout sa mère, dont il était tendrement aimé, et dont le souvenir était gravé dans son âme en caractères ineffaçables.

La guerre se déclara entre la Porte Ottomane et la Perse. Amurat, enthousiasmé des qualités brillantes de son élève, l'envoya en Asie faire ses premières armes, sous la conduite d'un de ses meilleurs généraux. Le jeune Castrioto y fit des prodiges de valeur personnelle, qui attirèrent les regards des deux armées; il contribua beaucoup à la victoire remportée par les Turcs, et revint passer l'hiver à Andrinople, auprès d'Amurat, qui le reçut avec une distinction marquée, et qui dans une assemblée de tous ses ministres, lui donna le nom de *Scanderberg*, sous lequel il a vécu.

Une action extraordinaire, qui lui fit le plus grand honneur dans ce temps, vaut la peine d'être racontée; elle est tout à fait dans les mœurs du pays qui donna le jour à Scanderberg; elle retrace les exploits des héros fabuleux, tous originaires des mêmes contrées de l'Epire.

Il se présenta à la cour d'Amurat un de ces aventuriers, ou brigands armés, provoquant le combat à outrance contre tout venant, et dont nos anciens chevaliers errans ne sont qu'une faible copie, puisqu'au moins ceux-ci ne se battaient que pour la gloire de leurs belles, ou comme redresseurs de torts.

Cet aventurier était un Scythe, arrivé du fond de la Tartarie, couvert d'une armure en mailles de fer, qui l'enveloppait de toutes parts, d'une taille gigantesque, d'une figure effroyable, tenant d'une main nerveuse un glaive toujours nu, et de l'autre une massue garnie de pointes, qu'il brandissait avec jactance; défiant tous les braves, et s'introduisant partout, sans s'embarrasser d'aucun ordre ou défense.

L'empereur était assez inquiet de la manière dont il pourrait se défaire de ce personnage. Il lui répugnait d'employer la voie de la police; les usages de ce temps permettaient cette sorte de forfanterie individuelle. Cet homme ne se livrant à aucun excès positif, et se contentant de parcourir les places publiques, en appelant un rival quelconque, il n'y avait pas lieu à sévir judiciairement contre lui; on ne pouvait *s'en* débarrasser qu'en le combattant. De nos jours on lui rirait au nez, et quelques gendarmes l'auraient bientôt incarcéré; mais les temps héroïques ne ressemblent pas aux nôtres. Un guerrier sous les armes était un individu sacré. C'était Philoctète portant les flèches d'Alcide.

Personne n'osait se mesurer contre cet épouvantable spadassin. Le jeune Scanderberg, qui comptait à peine dix-neuf ans, fatigué des bravades insolentes de ce ferrailleur, demanda publiquement au sultan la permission de le combattre. Amurat effrayé refusa long-temps; la vie du jeune homme lui était trop précieuse. Il se rendit enfin à ses instances, et lui permit le champ-clos, auquel lui-même se rendit pour maintenir l'ordre, et secourir même le jeune imprudent, s'il était nécessaire.

Le Scythe en apercevant Scanderberg, dont la taille svelte et avantageuse, ainsi que l'air martial et assuré, auraient dû commander son admiration et son respect, ne fit que sourire avec mépris de la faiblesse d'un tel adversaire. « Réserve ton insolence, lui cria le » jeune homme, pour après la victoire, si tu » l'obtiens, et songe à te défendre. » En achevant ces mots, il fond sur lui comme l'aigle sur sa proie, et lui porte mille coups précipités que l'autre pare avec la plus grande peine; Scanderberg, dont rien n'égalait la prestesse et l'agilité, l'entourait en quelque sorte, le poussait, le frappait sans relâche, et sans lui donner le temps de se reconnaître. Il se jetait habilement de côté pour éviter le sabre ou la massue du géant; puis s'élançant sur lui, et l'enveloppant comme un reptile, il étonnait son redoutable ennemi par la rapidité de ses mouvemens. Enfin d'un coup d'œil sûr, trouvant une ouverture propice, au moment où le Scythe levait son arme terrible, qui l'eût écrasé, il lui plonge son épée dans le flanc, et l'enfonce jusqu'à la garde. Il lui atteint le cœur, le perce d'outre en outre, et le tue roide mort sur la place.

Il se saisit alors, d'un bras ferme, du sabre de son rival; il entr'ouvre l'armure qui couvrait la gorge, et d'un coup bien assuré il lui tranche la tête, qu'il enlève par les cheveux, et vient la déposer lui-même aux pieds du sultan.

Telle est la manière dont un auteur, presque contemporain, raconte cet exploit. Le sieur de *Lavardin*, historien de Scanderberg, y ajoute une circonstance que nous ne croyons pas probable, parce qu'elle répugne aux usages et aux mœurs publiques de ce temps. Il dit que le Scythe exigea que le combat eût lieu, à corps entièrement nu; que lui-même quittant le premier ses habits, son armure, et même sa chemise, voulut que le jeune homme en fît autant; que le combat se livra ainsi, le simple poignard à la main; et que Castrioto, ripostant au coup dirigé contre sa poitrine, enfonça *dextre-*

ment son arme dans la gorge du barbare.

De quelque façon que l'affaire se soit passée, toujours est-il vrai qu'il fut vainqueur, et qu'Amurat, satisfait, combla Scanderberg d'amitié, de présens et d'honneurs.

Une nouvelle guerre en Bithynie, sur la mer Noire, que le sultan entreprit, et qui fut terminée en une seule campagne, fut encore une occasion de triomphes et de gloire pour notre jeune Albanais. Rien ne pouvait résister à son impétuosité, rien ne pouvait ralentir, ni refroidir son courage et son ardeur. Sa force de corps semblait augmenter encore par ses travaux et ses fatigues; la victoire le suivait partout; Amurat lui dut la plus grande part de ses succès dans cette guerre.

Nous ne pouvons résister au désir de raconter un second combat particulier qu'il voulut soutenir dans la ville de Burse, capitale de la Natolie, en revenant de l'expédition ci-dessus. On serait tenté de regarder ces récits comme fabuleux, ou du moins comme exagérés; mais il n'y a pas lieu au moindre doute, quoique de tels faits soient tout à fait éloignés de nos usages. Le jeune Castrioto, né dans la contrée que nous décrivons, et descendant d'une de ces familles dont on ne trouve le type que dans les montagnes de l'Epire : ce ne sera pas nous écarter de l'histoire du Montenegro, que de mettre sous les yeux du lecteur des traits pareils, qui appartiennent aux hommes dont un tel pays s'honore.

A Burse, donc, l'empereur turc et son jeune favori se reposaient depuis quelques jours de leurs fatigues, lorsque deux illustres inconnus, arrivant du fond de la Perse, attirés, disaient-ils, par la haute réputation d'Amurat, et des guerriers de sa suite, se présentèrent à lui, demandant l'honneur d'être admis à son service et de combattre dans ses armées.

Ils étaient tous deux de la plus haute taille, de l'âge d'environ trente ans, couverts de magnifiques armures, montés sur des chevaux superbes, brillans d'or, de pierreries, et protestant d'une valeur à toute épreuve. Ils se vantaient d'une grande naissance, qu'ils ne voulaient cependant pas dévoiler, pour des motifs honorables selon eux; et se donnant seulement les noms vulgaires, l'un de Jaja, et l'autre Zampsa.

Amurat les accueillit, son caractère chevaleresque l'y portait. Ces deux hommes ne voulurent accepter la faveur qu'ils sollicitaient qu'après, dirent-ils, qu'ils en auraient été reconnus dignes par une épreuve publique, en combattant à outrance contre quiconque oserait accepter leur défi, et se mesurer avec eux. Il y avait une telle audace dans leur tenue, comme dans leurs manières; et leurs propos hautains étaient soutenus par une supériorité de forces physiques si apparente, que les officiers de la cour d'Amurat parurent, tous, peu curieux de tenter l'entreprise; engageant les deux guerriers à faire partie de la garde du sultan sans cette épreuve superflue. On aimait mieux s'en rapporter à eux, et les croire sur parole.

Cette marque de déférence ne les rendit

que plus obstinés; ils se permirent quelques railleries déplacées. Scanderberg, qui les observait, et qui sentait déjà dans son âme intrépide des mouvemens de colère et d'indignation contre ces étrangers, s'avança fièrement vers eux, et leur dit : « qu'à tort » ils pensaient que les braves de la suite » d'Amurat reculassent par crainte; qu'ils » interprétaient insolemment les bontés » qu'on avait pour eux, en dédaignant » d'accepter; et que lui seul, quoique le » plus jeune de la troupe, les défiait au com- » bat tous les deux. »

L'empereur, dit *Collenuce de Pesaro*, qui rapporte cette aventure en grand détail, fut en même temps bien aise et fâché: bien aise de trouver un homme de cœur si près de lui; et fâché que ce fût celui qu'il aimait tant, et pour lequel il craignait quelque malheur. Il accorda de suite l'autorisation demandée. « Oui, mon fils, dit-il publique- » ment à Scanderberg, cette conduite est » digne de toi; grande louange t'en advien- » dra; l'obstination de ces gens-ci me dé-

» plait; va les punir. Montre-leur que ta » gaillarde jeunesse peut rabattre leur or- » gueil offensant; je m'en fie à ta dextre » invincible. »

Le jeune homme, selon la coutume, court embrasser les genoux du prince, qui le relève et l'accole avec tendresse. On amène un cheval, une lance, et une épée; puis l'on se rend, avec appareil, dans une plaine, près de la ville, et le champ est ouvert. (Ce sont les propres expressions de l'historien.)

Le premier qui se présenta fut *Jaja* monté sur son puissant cheval, et la lance en arrêt. Son compagnon *Zampsa* se tenait à quelques pas dans le champ, monté de même. Le peuple murmurait de voir que le jeune Scanderberg dût tenir tête au second, s'il abattait le premier; il n'était pas juste, disait-on, que fatigué par une première lutte, il dût en risquer une seconde contre un homme tout frais. « Avec l'assistance de » Dieu et du prophète, dit le jeune héros, » montrant une modeste assurance, j'espère

» m'en tirer avec honneur. Que l'on ne » trouble point le combat, et que la trom- » pette sonne. »

A l'instant, le signal est donné, les deux champions poussent leurs chevaux l'un contre l'autre ; Scanderberg dirigeait sa lance droit à la tête du Persan, qui, en s'inclinant, évite le coup, et plante la sienne dans la poitrine du jeune homme; mais il avait heureusement opposé son bouclier, qui reçut le fer, et en fut percé d'outre en outre, tellement que ne pouvant le retirer, Jaja, par ses efforts pour l'enfoncer plus avant, rompit le bois, et se vit privé de son arme; le jeune homme dédaigna de profiter de cet avantage. Alors, retournant leurs chevaux, les deux combattans prennent du champ, pour revenir l'un sur l'autre avec le glaive.

A ce moment *Zampsa*, qui attendait l'événement dans un des coins de l'arène, au lieu d'admirer et de respecter la générosité chevaleresque de Castrioto, qui, toujours muni de sa lance, pouvait, au lieu de la jeter au loin, s'en servir contre son ennemi, *Zampsa*, dis-je, part comme un trait, le sabre levé, met son cheval au galop, et se précipite traîtreusement par derrière sur Scanderberg. Un cri général d'indignation s'élève : le jeune Albanais tourne la tête; il voit le danger, il s'arrête, il se met rapidement en défense, et d'un coup heureux il plonge son épée dans la gorge du scélérat, qui tombe en poussant des cris affreux. *Jaja* dans le même instant revient avec rage; il porte mille coups au jeune homme qui n'a point eu le temps de se remettre, et qui par bonheur pare avec la plus grande adresse.

Tous les spectateurs, Amurat lui-même, accourent pour faire cesser ce combat terrible; mais plus prompt que l'éclair, et d'un bras désespéré, Castrioto décharge un coup si vigoureux sur l'indigne Persan, à l'endroit où l'épaule se joint au cou, qu'il l'ouvre jusqu'à la poitrine, et le renverse mort sur le sable.

Des applaudissemens sans nombre accueillent le vainqueur; Amurat remonte sur son siége, et fait signe qu'on fasse approcher Scanderberg. Déjà les têtes des deux misérables étaient coupées; on les remet au jeune homme, qui les dépose respectueusement aux pieds du sultan. Ce prince et tous ceux de sa suite, le proclament hautement le *vengeur et le soutien de la gloire publique*. Il était à peine majeur!

De tels exploits donnent de la vraisemblance à ceux que l'on rapporte des antiques héros de la fable. Hercule et Thésée n'ont rien fait de plus grand, de plus honorable! Quels hommes sont-ce donc, que ceux que nourrissent les montagnes de l'Epire et de la Thessalie? C'est précisément de ces contrées que sortent ces guerriers extraordinaires.

Les affreux rochers du Montenegro en fourniraient encore de pareils, à en juger par la stature, le port, la fierté, la valeur et le caractère de certaines familles que j'y ai observées. Il faut pourtant y ajouter une restriction trop vraie, trop sensible. Dans les temps antiques, la superstition religieuse, tout aussi puissante que de nos jours, tendait moins qu'à présent à l'abrutissement de l'esprit et à l'abaissement du cœur. Les prêtres cruels de la Tauride sacrifiaient, il est vrai, des victimes humaines à leurs dieux; ils dominaient avec empire sur les actions de la multitude ignorante, car partout les hommes ont payé ce tribut aux jongleries de leurs conducteurs sacrés; mais il y avait, dans les mœurs de ces siècles barbares, un côté grand et généreux, qui rehaussait les caractères individuels, qui ne repoussait point l'élévation du génie, et qui favorisait même les élans d'un courage indépendant et gigantesque : tandis qu'aujourd'hui une main de fer semble refouler sur un triste niveau tout ce qui tend à s'élever. Une monotone obéissance tient lieu de toutes les vertus; les monstres peuvent reparaître, de modernes *Augias* peuvent construire et remplir leurs écuries; grâce à nos ultramontains, il ne s'élèvera point d'Hercule pour les nettoyer!

A son retour à Constantinople, et couvert de tant de gloire, Scanderberg ne semblait pas avoir rien à redouter du sultan qui le traitait si bien : mais qui peut se reposer sur la faveur des rois? Le vieux *Castrioto* son père, qui avait gouverné paisiblement ses petits Etats dans les montagnes de l'Albanie, et dont la souveraineté, tolérée, reconnue même par le Turc, s'étendait sur ce que l'on appelle aujourd'hui les Zantes et la partie orientale du Monténegro, vint à mourir, du chagrin, dit-on, de ne plus revoir ses enfans, dont deux avaient péri par le poison à la cour d'Amurat, et le troisième, devenu mahométan dès sa tendre enfance, était (sous un autre nom que le sien) serviteur et favori de cet empereur des Turcs.

Cette mort rappela dans l'âme de Scanderberg les sentimens de la nature qui n'y avaient jamais été tout à fait éteints. Accoutumé à donner le nom de père au sultan, il n'oubliait point que, par la disparition de ses frères, dont il fut instruit, il était le seul héritier de Jean *Castrioto*, roi d'une portion de l'Epire et de l'Albanie. Il était sur le point de demander à Amurat l'investiture de ses Etats, et la permission de se rendre à Croie (ou Croïa), leur petite capitale, où il espérait retrouver sa mère et ses sœurs, lorsque ce despote se dévoilant tout à coup, lui dit sèchement :

« Qu'il venait d'envoyer un de ses généraux avec une armée pour prendre garnison dans Croie, et revendiquer le royaume d'Epire et d'Albanie, qu'il entendait réunir à son empire. Que quant à sa mère, et à la seule fille qui lui restait, il leur donnerait des terres dans la Macédoine, où elles finiraient tranquillement leurs jours; et qu'enfin lui Scanderberg avait une assez belle fortune à Constantinople, dans le palais même du souverain, pour ne pas désirer autre chose. »

Le jeune orphelin, blessé jusqu'au vif, dissimula son mécontement; il parut se résigner à la volonté du grand-seigneur, et évita soigneusement tout ce qui aurait pu faire soupçonner son dessein de rentrer dans les Etats de son père.

Quelques habitans des principaux de Croie, ainsi que quelques chefs des montagnards épirotes (parmi lesquels on reconnaît le nom des *Czernowichs*, monténégrins), étaient venus le trouver en secret, et vivaient cachés à Constantinople, attendant le moment où ils pourraient l'emmener, et le remettre entre les bras de *Voisanne*, sa vertueuse mère, inconsolable de son absence, qui, depuis le trépas de son mari, vivait retirée dans le fond de son palais avec sa fille *Mamise*, qui avait un an de moins que son frère Scanderberg, et qui était un modèle de modestie, de grâces et de beauté.

Le délai fut long. On apprit que la garnison musulmane avait pris possession de Croie; que le général avait fait proclamer son maître, souverain d'Epire et d'Albanie; qu'aucune résistance n'avait pu avoir lieu; que la reine et sa fille avaient été reléguées on ignorait où ; et que la succession paraissait enlevée pour toujours et définitivement à l'héritier légitime Georges Scanderberg, qui dut dévorer en silence tous ces affronts.

Ses amis cependant ne se rebutèrent pas; ils résolurent d'attendre patiemment le moment propice, persuadés que le ciel devait cette faveur au jeune prince, dont ils admiraient de plus en plus le noble caractère, et révéraient les grandes qualités. Un d'eux surtout, nommé *Basile Czernowich*, dont les possessions, non loin de Croie et de Durazzo, consistaient en troupeaux dans les gorges inaccessibles de l'ouest de l'Epire (évidemment le Montenegro), où cette famille subsiste encore, formait le plan d'emmener provisoirement Scanderberg dans cette retraite inexpugnable, où le temps et les dispositions des habitans fourniraient bientôt l'occasion de secouer l'horrible joug d'Amurat.

Ce dernier, aveuglé dans ses desseins, voulait s'emparer aussi de la Servie et de la Bosnie, contrées qui touchent l'Epire, et ne craignit pas d'y envoyer le jeune Castrioto, avec un commandement dans l'armée levée pour cette expédition. Celui-ci accepta sans balancer, et fit ses préparatifs, mais dans une double vue, comme on peut bien le présumer.

Quelques chroniqueurs de ce temps ont avancé que le projet d'Amurat, en envoyant Scanderberg en Bosnie, était de le sacrifier aux chances de la guerre, en y aidant, de son côté, par l'ordre donné au général en chef de le placer dans les endroits les plus périlleux; ou, s'il en revenait heureusement, de s'en défaire comme il le pourrait.

Quoique l'on n'ait point de preuves directes d'un ordre aussi barbare, lequel répugne même à la tendresse que le sultan avait témoignée, depuis son enfance, au jeune Castrioto, cependant le caractère perfide d'Amurat, en mille autres occasions, l'acharnement qu'il mit depuis à poursuivre Scanderberg, et enfin la jalousie qui dévorait en secret tous les grands de la cour du sultan, et qui les portait à calomnier sans cesse Castrioto auprès du souverain : toutes ces considérations, dis-je, militent extrêmement en faveur de cette opinion. Il est tout à fait probable que l'intéressant orphelin courait le plus grand risque au milieu des armées turques.

Sa conduite prudente et mesurée, sa fermeté que rien n'ébranlait, son bonheur, enfin, le sauvèrent de ce dangereux piége. La guerre se fit; la campagne fut terrible; Scanderberg s'y couvrit de gloire; mais il en revint sans accident. Les Bosniens s'étaient tellement défendus, que l'invasion n'eut pas le succès que désirait le sultan; et qu'il fut obligé de rappeler ses troupes, à la tête desquelles revint Scanderberg, à qui le mauvais succès ne pouvait être imputé.

Les choses demeurèrent en cet état jusques à l'année suivante, que les Hongrois, au nombre de trente à quarante mille hommes, à la tête desquels se trouvait le célèbre *Hunniades*, vinrent ravager la Transilvanie, et pénétrèrent en ennemis sur le territoire d'Amurat, qu'ils forcèrent de se renfermer dans Andrinople. Une armée de quatre-vingt mille Turcs fut aussitôt mise sur pied, pour repousser cette agression; et par une bizarrerie, ou une confiance bien singulière, un corps de vingt mille hommes de cette armée fut confié, comme avant-garde, à Scanderberg. Y avait-il dessein perfide contre lui, ou aveuglement complet du sultan? C'est ce qu'on ignore. Toujours est-il que le jeune Epirote, affermi par le conseil de ses amis, et notamment par les instances du dévoué *Czernowich* le Monténégrin, résolut de profiter de cette occasion pour se rendre indépendant et regagner sa patrie.

Il fallait user de ruse, et ne point se compromettre. Amurat, rassuré par le nombre de ses troupes, fort supérieures à l'armée hongroise, suivait la marche avec une grosse arrière-garde, et rejoignit bientôt le corps de bataille. Persuadé que son avant-garde avançait avec succès, il se porte lui-même avec tout son monde jusqu'en Bulgarie, et surpris de n'entendre parler ni de Scanderberg, ni des Hongrois, il campe enfin sur les rives de la Morava, pour attendre des nouvelles. Il ignorait que, par un détour à droite et bien combiné, Scanderberg s'était éloigné d'*Hunniades* et des Hongrois, et qu'il s'était rapproché de l'Albanie; déterminé à quitter là son armée, avec ceux qui voudraient le suivre dans son pays, et prendre parti pour lui.

Ses amis lui avaient acquis des compagnies entières de soldats, qui ne demandaient pas mieux que de s'associer à sa fortune; et qui, Grecs d'origine comme lui, ne désiraient rien tant que d'abandonner le service d'Amurat. Leur juste prévention pour les qualités brillantes de Scanderberg, sa réputation extraordinaire de force et de courage, les attachaient à sa personne; il eut de suite un noyau d'armée assez respectable pour marcher à son but, et pour arriver tranquillement en Epire, où une foule de familles, conjurées contre les Turcs, l'attendaient impatiemment, surtout à Croie, sa capitale, qui lui conservait le plus vif attachement et le plus inviolable secret.

Pendant ce temps *Hunniades*, qui était peut-être au fait de cette marche rétrograde d'une partie de l'armée d'Amurat, s'avança par derrière, et vint le surprendre dans son camp de la Morava, avec dix mille cavaliers d'élite, que le sultan crut d'abord être des siens. Attaqué à l'improviste, et sans s'y attendre, il fut complétement battu, défait, et se sauva à grande peine avec quelques bataillons, ne se doutant pas de ce que Scanderberg pouvait être devenu. Les Hongrois, encore un peu barbares et indisciplinés dans ces temps, ne s'occupèrent que de piller le camp du sultan; et chargés d'un immense butin, couverts d'or et d'effets précieux, ils refusèrent d'aller plus loin. Le grand *Hunniades* fut forcé de se retirer avec eux.

A son retour humiliant à Andrinople, le sultan apprit enfin la défection de Scanderberg, et le parti qu'il avait pris de s'établir dans les Etats de son père. On peut concevoir sa colère et sa rage. Des vingt mille hommes qu'il lui avait confiés, il n'en était pas revenu deux mille. Il sentit qu'il n'y avait pas à s'endormir avec un jeune homme de ce caractère. Son premier soin fut de faire à tout prix la paix avec les Hongrois; il lui en coûta des sacrifices et d'argent, et de territoire, et surtout d'amour-propre; il en passa par où *Hunniades* voulut. Ceci terminé, il s'occupa d'une levée extraordinaire de troupes pour marcher sur l'Epire; mais il s'aperçut aisément de la répugnance de ses sujets, et même de ses généraux, pour aller combattre Scanderberg. On rendait trop de justice à ce jeune guerrier pour ne pas sentir qu'on ne le renverserait pas facilement d'un trône, peu considérable, sans doute, mais dont les défenseurs retranchés dans leurs montagnes, et d'une valeur éprouvée, pourraient braver long-temps tous les efforts du croissant.

En attendant, Scanderberg, arrivé en Epire avec sa troupe, chassait de poste en poste les garnisons turques qui se rencontraient sur son chemin; il les balayait devant lui comme des feuilles emportées par le vent. Son nom seul faisait fuir les Turcs; aucun ne tint contre lui; il arriva sous les murs de sa capitale sans avoir été retardé d'un jour.

Là, ce fut différent, il fallut s'arrêter et prendre des mesures. La ville de Croie, quoique petite, était parfaitement fortifiée; la garnison était nombreuse, et le général mahométan qui la commandait n'était pas homme à l'abandonner sans combats. L'avis de *Czernowich* fut de tenter une surprise, un moyen quelconque de faire donner les Turcs dans un panneau. La troupe de Scanderberg s'éloigna donc de quelques lieues, laissant penser qu'elle ne se croyait pas assez forte pour chasser une telle garnison, augmentée de plus de moitié encore, par tous ceux qui avaient fui devant le prétendant. Des lettres furent secrètement rendues aux principaux magistrats, tous amis de Scanderberg, tous déterminés à le seconder. Il fut convenu que la troupe du roi serait censée avoir pris le parti de se disperser ; et que dans une nuit désignée, lorsque les Turcs paraîtraient avoir repris de la sécurité, le magistrat ferait ouvrir une porte bâtarde qui donnait dans une vallée, par où l'on croyait impossible de faire passer une armée; qu'une centaine de montagnards s'introduirait silencieusement par là ; qu'ils tomberaient à l'improviste sur ce poste; et que de proche en proche, désarmant, ou égorgeant au besoin, tous ceux de la garnison qui résisteraient, on viendrait ouvrir la porte principale à Scanderberg, qui se trouverait au rendez-vous avec quelques milliers de ses meilleurs soldats.

Ce plan eut un succès complet. Toute la ville, pour ainsi dire, était dans le secret ; personne ne le trahit; tant était vif et sincère l'amour pour le fils du bon *Jean Castrioto* et de *Voisanne !* Au jour indiqué, ou plutôt à la nuit convenue, la porte s'ouvrit; environ soixante montagnards déterminés s'introduisirent, et en moins d'une heure, furent suivis de plus de trois cents. Le petit poste, effrayé, rendit les armes; il n'y avait qu'une vingtaine d'hommes que l'on renferma sous clef. Avec leurs propres habits et leurs turbans, on se porta, sans être soupçonné, vers les autres postes, et quand le général turc (averti par le mouvement que produisit l'entrée de Scanderberg avec trois mille soldats) voulut se mettre en défense, il était déjà trop tard.

Il essaya cependant; il parvint à réunir autour de lui sept à huit cents hommes, qui se firent massacrer, ainsi que leur chef. Alors il fut impossible de contenir la fureur du peuple; partout où l'on découvrit des Turcs, on les égorgea. La boucherie fut horrible, et se prolongea jusqu'au jour; c'était le 15 septembre. En vain Scanderberg se portait sur les lieux où sa présence et sa voix pouvaient épargner le sang; on ne l'écoutait pas. Il imagina un moyen qui lui réussit, et qui sauva la vie à plus de quinze ou seize cents Turcs; ce fut de faire publier à son de trompe qu'il accordait la vie sauve à tout mahométan qui demanderait le baptême, et qui se rendrait de suite dans une église, où il se prosternerait sans remuer, ni même tourner la tête après avoir jeté son turban derrière lui. On en baptisa de la sorte un grand nombre; on les surveilla avec précaution; et au bout de quinze jours, quand la tranquillité fut parfaitement établie, on les envoya, par divers détachemens, sur l'Adriatique, où des bateaux, loués pour cela, les débarquèrent en Italie, sur terre napolitaine, où ils devinrent ce qu'ils purent.

Scanderberg fut reconnu roi d'Albanie le jour même; ce fut le titre qu'il prit, et qu'il conserva jusques à sa mort, pendant un règne glorieux de vingt-quatre ans. Ce furent des fêtes continuelles dans tout le pays. On en conserve encore la mémoire par la haine insurmontable que l'on y porte aux Turcs.

Ce ne serait pas remplir notre tâche, que de ne pas mettre sous les yeux du lecteur la suite des efforts inconcevables que dut employer Scanderberg pour repousser les armées, toujours renaissantes, d'*Amurat*, et plus encore celles de son fils et successeur le fameux Mahomet II, qu'on peut appeler le fléau de l'Europe et de l'Asie, le vainqueur des Perses, des Africains, et de vingt autres peuples; mais qui vint toujours échouer devant le génie de Scanderberg, maître d'une poignée d'hommes, et à qui la postérité ne peut refuser le nom de *grand*, quoique son théâtre ait été si petit.

Pour se mettre en état de repousser les attaques redoutables qu'il attendait de la part d'Amurat, le jeune roi rechercha l'alliance d'autant de princes et chefs albanais qu'il en put découvrir dans ses environs. Avant de mourir, son père *Jean Castrioto* avait marié quatre de ses filles à autant de princes du pays, qui devinrent de suite ses défenseurs.

Scanderberg donna sa sœur *Mamise* à Musache de Tophie, chef d'une peuplade des montagnes, lequel lui fut d'un grand secours par la suite, et qui fut la souche d'une des plus considérables familles du Montenegro. Sa mère, *Voisanne*, qui eut la consolation de le voir établi sur le trône de son mari, mourut peu de temps après son entrée dans sa capitale, où elle a laissé la réputation d'une sainte, au tombeau de laquelle on se porte encore de toutes les parties de l'Epire.

On rapporte de Scanderberg une harangue, ou discours à son peuple, lorsqu'il en fut salué roi, qui devrait servir de modèle à tous les souverains lorsqu'ils daignent adresser la parole à leurs sujets. Comme cette harangue est trop longue pour trouver place ici, quelque admirable qu'elle soit, je me contenterai d'en citer le passage suivant; il fera connaître suffisamment le caractère du grand homme, et les idées aussi justes que généreuses qui le guidaient.

« CHEFS, MAGISTRATS ET CONCITOYENS!

» Revenu au milieu de vous pour y oc-

» cuper l'illustre place, et le haut rang qu'y
» tenait mon père, je ne viens point vous
» porter de ces promesses avec lesquelles il
» est si facile de tromper un peuple confiant.
» Vous aimez la liberté ; vous en jouissez
» de temps immémorial ; elle se concilie par-
» faitement avec les desseins d'un monarque
» qui ne veut régner que par la justice et
» la raison. Je ne changerai jamais rien à
» vos lois ; depuis des siècles elles vous ré-
» gissent au gré de tous ; leur stabilité fait
» leur force. Soyez heureux, je le serai de
» même. Un farouche despote s'apprête à
» nous attaquer, à porter chez nous le fer
» et la flamme ; son but est de me punir
» d'avoir osé succéder à mon père. Ce n'est
» point à vous qu'il en veut, puisqu'il en-
» tend vous mettre au nombre de ses su-
» jets ; c'est à moi, oui, à moi seul. Si donc,
» en pesant, entre vous, vos intérêts, vous
» trouvez qu'il est plus favorable, pour vous
» et vos enfans, que je me sacrifie, je suis
» prêt à renoncer à tout pour votre tran-
» quillité. Sans me rendre au sultan qui a

» fait périr mes frères, et que j'abhorre,
» je me retirerai dans l'Italie, ou ailleurs.
» Mais si le désir d'avoir un roi qui soit
» votre ami, et un chef bien disposé à
» vous défendre, vous fait souhaiter de me
» conserver parmi vous, munissez-moi har-
» diment de toute votre confiance, et sachez
» que je périrai avant qu'un seul cheveu
» soit enlevé de la tête d'aucun de vous... »

Cette harangue, digne du siècle des Lycurgues et des Solons, fut accueillie comme elle le devait. Une acclamation générale fit connaître à Scanderberg que les peuples d'Epire et d'Albanie ne voulaient point se séparer de lui, et que leur sang, leurs biens, leur vie, étaient pour jamais à sa disposition. Un roi est *invincible* avec de tels sujets, et c'est ce que fut en effet le grand Castrioto contre toutes les forces de l'empereur le plus puissant de l'orient.

Amurat tenta d'abord la voie d'une feinte conciliation; il envoya vers Scanderberg un négociateur, dont la mission, à bon droit suspecte, ne put être acceptée; il s'agissait de se rendre simultanément en un certain château désigné, où des conférences auraient pu avoir lieu; on voulait surtout y attirer le roi d'Epire. Ses amis s'y opposèrent formellement; et ce fut *Etienne Czernowich* qui se chargea lui-même de notifier le refus. Il n'y eut plus alors qu'à se préparer à la guerre.

Tous les chefs albanais se rendirent à Croie, pour délibérer si l'on attendrait les Turcs ou si l'on irait au-devant d'eux. Ce dernier parti, qui était plus conforme au caractère bouillant du jeune prince, ne prévalut cependant pas. On jugea plus prudent de ne point dépasser les frontières de l'Albanie, mais de ne pas permettre à l'ennemi d'y pénétrer. Il existait trois ou quatre petites villes passablement fortifiées, sur les confins du territoire turc; on les garnit de bonnes troupes, avec ordre de se rassembler en masse du côté où les musulmans se présenteraient: un corps de réserve, considérable, occupa tous les défilés des montagnes occidentales (le Montenegro), et ce fut là que devaient se replier les autres portions de l'armée, en cas d'échec sur la frontière.

On eut tout le temps nécessaire pour ces préparatifs, et l'on attendit de pied ferme les troupes du sultan Amurat. Elles arrivèrent effectivement, au nombre de quarante mille cavaliers, ayant pour général le bassa *Mehémet Ali.* Leur marche fut signalée par la dévastation générale du pays qu'ils traversèrent, quoique dépendant de la domination turque. Scanderberg, indigné, vola au-devant, malgré les instances des siens; il protesta qu'il périrait plutôt que de laisser de tels brigands mettre le pied sur ses terres.

Une grande partie de la réserve, alors, le suivit spontanément. Tout le monde réuni pouvait monter à dix-huit mille hommes de pied; mais l'avantage du terrain était pour eux; ils se placèrent dans une vallée étroite qui était le seul passage pour pénétrer, et où la cavalerie turque ne pouvait se déployer. Au moment où elle parut, les Epirotes firent un mouvement rétrograde, et se glissant dans les bois qui garnissaient les deux côtés de la vallée, ils laissèrent l'ennemi s'engager dans ce défilé.

Cette gorge étroite avait une bonne demi-lieue de longueur; les Turcs étaient persuadés que la petite armée de Scanderberg s'était retirée; ils avancèrent avec toute confiance.

Tout à coup les soldats de Scanderberg sortent des taillis, se précipitent sur eux, à droite, à gauche, en poussant de grands cris qui effarouchent les chevaux, et mettent le désordre parmi eux. Un détachement qui avait tourné la montagne par des sentiers peu connus, prit les musulmans par derrière, et les poussa dans la vallée : tandis que des deux côtés, et par devant, ils recevaient la mort, sans pouvoir se retourner ni se défendre.

La boucherie fut énorme ; les chevaux en se débattant renversaient et tuaient leurs cavaliers ; il fut impossible aux Turcs de se rallier ; il y périt plus des trois quarts de leur monde. Ils se nuisaient les uns aux autres ; resserrés en foule ils ne savaient à quels ordres obéir ; la plupart voulant regagner la plaine d'où ils sortaient, se jetaient sur leurs compagnons qui les repoussaient avec rage; enfin le désordre et la perte furent extrêmes. Cette armée fut tellement détruite et dispersée, qu'il n'en retourna pas mille hommes à Andrinople.

Scanderberg tua de sa propre main Mehemet Ali. La nuit seule mit fin au carnage. Le butin fut immense. Sept à huit mille chevaux, non blessés, restèrent entre les mains des Albanais, qui en formèrent par la suite une brillante cavalerie. Douze mille prisonniers au moins furent amenés à Croie, dont la plupart prirent service chez le jeune roi, qu'ils avaient jadis tant admiré dans son enfance. La perte des Epirotes fut presque nulle; ils n'eurent à regretter aucun personnage de marque. La joie fut complète dans toute l'Albanie; les montagnes retentissaient des cris d'allégresse; et l'on y répète encore des airs qui datent de ce temps, et des paroles qu'on entend à peine aujourd'hui, parce que l'idiome a beaucoup changé, mais qui rappellent cette célèbre époque.

Le roi profita du calme que lui procura cette victoire, pour établir un code de lois qui fut reçu avec la confiance qu'inspirait sa sagesse. Les dispositions en sont simples, conformes aux inspirations de la nature, et en général très peu volumineuses. Elles régissaient, *surtout*, les habitans de la plaine; car ceux des montagnes, vivant pour ainsi dire isolés, ne suivent guère de lois que celles de la famille. Le gouvernement les protège; mais comme il n'a presque rien à leur demander, ils n'ont presque point de relations avec lui; et c'est encore ainsi que les choses existent au Montenegro.

Amurat, avant d'avoir appris la déconfiture de ses quarante mille hommes de cavalerie, avait jugé à propos de les renforcer encore de neuf mille autres de la même arme, sous la conduite de *Ferisse* Bassa. Ce prince se croyait certain d'écraser ainsi, dans une seule campagne, le jeune imprudent qui osait lui résister; mais ces neuf mille guerriers arrivèrent trop tard; instruits du désastre de leurs devanciers, ils s'arrêtèrent quelques jours pour délibérer. Un corps d'Albanais les surprit, les prit en flanc; favorisés par la terreur qu'avait inspirée la première victoire, ils en remportèrent une seconde non moins complète et non moins sanglante.

Ce dernier fait d'armes eut lieu à l'entrée d'une vallée étroite, connue alors sous le nom de *Val de Mocrée*, sur les confins de l'Albanie, dans les environs de la ville de *Petralba*. Le général *Ferisse* Bassa y périt, malgré des actes de bravoure personnelle, dont les mémoires du temps font le plus grand éloge; son lieutenant retourna presque seul à Andrinople, où Amurat, malade depuis quelques mois, attendait non-seulement des nouvelles favorables et décisives, mais la personne de Scanderberg même, qu'il avait donné ordre de prendre vivant, et de lui amener.

On peut juger de sa surprise et de sa colère à la nouvelle des deux défaites qu'il apprit en même temps! Il jura d'en prendre une vengeance éclatante; mais la nature ne lui en donna pas le temps. Il survécut à peine six mois à cet échec si humiliant pour la hauteur ottomane.

Un écrivain contemporain rapporte un trait de ruse ou de fourberie de la part du sultan, qui ne servit qu'à faire briller davantage le caractère noble et ferme de Scanderberg, et qui est bien dans la nature d'un Monténégrin. Voici ce que c'est : Amurat, en cherchant les moyens de mettre promptement sur pied cent cinquante mille hommes, pour envahir d'un seul coup l'Albanie comme dans un filet, voulut essayer l'effet que pourraient produire des lettres prétendues paternelles, de sa propre main, sur l'esprit de Castrioto.

Il lui écrivit donc, et lui envoya, par un truchement honorable, une dépêche fort longue et fort adroite, où il lui représentait qu'il l'avait élevé dès son enfance, que sa tendresse envers lui s'était déployée de manière à ce qu'il n'en pût douter ; que son refus de le reconnaître roi d'Albanie ne venait que du désir de lui faire par la suite une fortune bien plus élevée ; que le nom

20*

de Scanderberg qu'il lui avait donné en était une garantie non douteuse; qu'il l'engageait donc à mettre dans l'oubli tout ce qui s'était passé depuis une année, et de revenir à sa cour, où il retrouverait son ancienne amitié. Il terminait par lui dire que s'il tenait absolument à la ville où avait régné son père, savoir, à *Croie*, il ne refusait pas de la lui laisser en légitime domaine, moyennant qu'il restituerait les autres places et pays; enfin qu'il valait mieux, pour ses propres intérêts, avoir Amurat pour ami que pour ennemi implacable.

Le Turc chargé de cette missive fut un certain *Airaidin*, homme instruit et de grande considération, que Scanderberg reçut, mais seul de sa suite, avec tous les égards possibles, qu'il traita même splendidement à sa cour; et à qui, au bout de cinq jours, il remit une réponse, contenant les dispositions suivantes :

« Qu'à tort le sultan Amurat alléguait les » bienfaits non contestés, que lui Scander- » berg en avait reçus dans son enfance ; en

» lui observant toutefois que le meurtre de
» ses frères en diminuait beaucoup le prix à
» ses yeux. Qu'à l'amitié prétendue qu'on
» mettait en avant, avait succédé, sans mo-
» tif de justice, l'action inique de vouloir
» le priver de la succession et de l'état res-
» pectable de son père. Que son parti était
» irrévocablement pris de rester parmi ses
» fidèles montagnards; et qu'il se croirait
» coupable de les abandonner maintenant
» aux caprices d'un prince dont ils ve-
» naient d'humilier les armes. Qu'en consé-
» quence il était superflu désormais de faire
» de telles tentatives de conciliation impos-
» sible, et qu'il en arriverait ce qu'il plairait
» à Dieu. »

Au retour de son messager, le sultan fut si frappé de la témérité orgueilleuse (ainsi qu'il la nommait) du jeune Castrioto, que sa fièvre en redoubla, et qu'en peu de jours il expira dans des accès de rage; regardant comme rien toutes les victoires antérieures qui l'avaient rendu maître d'un si puissant empire; mais ne pouvant digérer de se voir bravé par un petit rebelle, élevé dans son palais, qu'il regrettait de n'avoir pas étouffé dès son berceau.

A ce prince succéda le fameux Mahomet II, son fils, la terreur de l'Asie, de l'Europe et de l'Afrique, contre qui le seul Scanderberg sut lutter avec avantage; et qui, malgré les forces immenses qu'il envoya sans cesse contre le jeune roi d'Albanie, ne put jamais lui enlever cette faible province, au milieu des empires qu'il culbutait.

D'autres versions ne font mourir Amurat qu'après d'autres tentatives de vengeance contre Scanderberg; ils allèguent encore d'autres combats, des assauts donnés devant Croie, la capitale de ce jeune prince; des démêlés mêmes qu'on lui suscita avec les Vénitiens, et dont il se tira toujours avec gloire, etc., etc. Mais comme le fond de cette lutte est toujours le même, et que le héros albanais, ou monténégrin, surmonte tous les obstacles qu'on lui oppose, le plus ou moins de durée est bien indifférent. Il suffit de savoir avec certitude qu'après avoir repoussé tous les efforts du père, il eut à combattre le fils, bien plus redoutable encore, le farouche Mahomet II, et que ce dernier dut céder de même à l'ascendant et au courage de Castrioto.

Il est malheureux pour cet illustre enfant de Mars et de Minerve, de n'avoir pas brillé sur un plus grand théâtre. Combien de grands princes, vantés dans l'histoire, n'approchent pas du mérite de Scanderberg en tout genre? Des rois insignifians ont trouvé des historiens, des flatteurs, qui ont fait survivre leurs noms obscurs; tandis que les exploits admirables du prince d'Albanie sont à peine connus!

C'est bien ici le cas d'observer qu'un pays dépourvu de sciences, d'arts et d'écrivains, reste perdu pour la gloire. Nulle contrée ne peut offrir une époque plus extraordinaire de hauts faits, de courage, de dévouement et de constance, que cette portion de la montagneuse Epire. Ce temps même n'est pas fort éloigné de nous : et le plus dédaigneux oubli couvre cette série de grandes actions! Le plus mince des petits despotes allemands trouve sa place dans l'histoire de sa contrée; nos chroniques fastidieuses sont remplies du minutieux récit des faits et gestes de tel et tel roi qui n'a jamais dit un mot mémorable, ni fait une action digne d'être écrite; et le nom de *Castrioto* est ignoré!

Nous nous faisons un devoir, un honneur, de venger cet homme extraordinaire du silence de son siècle. Protecteur, législateur, souverain, enfin, du pays presque inconnu que nous avons visité, mais que des bouleversemens politiques successifs ont fait perdre de vue, nous aimons à retracer ces illustres souvenirs. Le Montenegro, l'Epire même tout entière, ne sont pour ainsi dire rien dans la balance actuelle des puissances; mais les caractères individuels sont restés intacts. La même valeur, la même constance, le même esprit d'indépendance nationale, se remarquent dans cette portion inconnue de l'ancienne Grèce. Des temps peuvent revenir où ces mêmes montagnards auront occasion de jouer un grand rôle. Il n'a tenu qu'à la Russie d'en développer l'énergie, dans sa querelle contre les Turcs, il y a quelques années. La France l'eût pu mieux encore, lorsque nos armées victorieuses parcouraient l'Europe. Les étroits génies qui présidaient à nos destinées n'ont pas aperçu l'immense parti que l'on pouvait tirer de tels hommes : mais tout cela s'explique, en considérant qu'au fond ces hommes sont trop près de la nature pour nous, et que nous en sommes trop loin pour eux.

C'est là le résultat général que j'ai pu former de mes entretiens confidentiels avec le *Wladika* du Montenegro, et autres chefs de ce pays. Je ne crois pas me tromper en établissant que le germe des plus nobles actions subsiste toujours dans cette contrée. On en a pu voir un échantillon dans la persévérance de son opposition défensive contre Ali pacha.

Le vif intérêt qu'on ne peut s'empêcher de trouver dans la suite des efforts incroyables faits par Mahomet II, contre le montagnard Scanderberg, et dans l'héroïque conduite de ce dernier, nous engage à continuer ce récit, qui se lie d'une manière si naturelle avec l'histoire monténégrine. J'avoue que j'ai peine à faire sortir le lecteur de cet étonnant pays, sans l'avoir mis au fait de tout ce qui peut lui en donner une juste idée. Ces événemens, selon moi, valent bien les froides relations des tristes démêlés de nos nations modernes, et de leurs gouvernans, qui les sacrifient, par fois, pour savoir qui vendra du sucre à l'autre.

Ce fut en l'année 1450 que Mahomet II monta sur le trône ottoman. Il était (ostensiblement du moins) le fils d'Amurat. Quelques historiens bien instruits, ou se disant tels, prétendent que c'était un enfant supposé, qui, même dans son enfance, aurait eu secrètement pour rival, sans que personne s'en doutât, le petit Castrioto, pour lequel Amurat paraissait véritablement avoir une tendresse qu'on ne pouvait expliquer. Le plus probable néanmoins est que cette supposition d'enfant n'est qu'une chimère.

Enfin, supposé ou légitime, Mahomet fut

reconnu sans nul obstacle : il était de l'âge de Scanderberg, c'est-à-dire, d'environ vingt-quatre ans. Son premier acte fut de faire périr de suite ses deux frères ; l'un, qui fut étouffé violemment dans un bain, dans le sérail; l'autre, tué secrètement à Brousse, aujourd'hui Pruse, ville de la Natolie, alors la seconde ville de l'empire turc. Cette horrible coutume n'a que trop souvent été en usage chez les souverains d'Asie. On les a vus massacrer sans pitié leurs frères, leurs oncles, pour régner sans compétiteurs. On célébra ses obsèques dans ladite ville, comme s'il y était mort d'accident. On a prétendu depuis, que ce jeune prince avait été soustrait à la mort, en lui substituant le fils d'une esclave; qu'il avait été conduit à Venise, puis à Rome, où le pape Calixte III l'avait fait élever et baptiser ; et qu'ensuite, il avait été en Autriche, où, par les bienfaits de l'empereur Frédéric, il avait vécu paisiblement, et y était mort fort âgé.

Quoi qu'il en soit, Mahomet, attaqué très vivement dès le commencement de son règne par les Perses, ne put s'occuper de l'Albanie. Cet heureux délai donna le temps à Scanderberg d'augmenter les fortifications de sa capitale, d'organiser son armée, d'établir ses points de défense, et de visiter toutes les parties de ses petits Etats. Ce fut notamment dans les gorges et dans les montagnes occidentales de l'Epire, c'est-à-dire, dans le Montenegro (non encore connu sous cette dénomination), qu'il fit élever des ouvrages dont on retrouve encore les traces, et dont l'évêque actuel a bien su tirer avantage contre les invasions des Turcs. Il profita encore de ce temps pour accroître sa puissance par un mariage contracté avec la fille d'un des plus puissans chefs de la Macédoine, qui lui apporta de grands trésors, et une augmentation de terrain sur sa frontière. Cette femme, dont les historiens font un bel éloge, portait le nom de *Donique Comnène;* son père était un des plus considérés dans l'Epire : on ne dit pas s'il était de la famille des anciens *Comnènes*, qui régnèrent jadis à Constantinople. Il avait fait construire la forteresse importante de *Modrisse*, qui a été détruite il y a quelques vingt-cinq ans, par Ali pacha.

Le sultan ayant remporté deux victoires complètes sur les Perses, envoya une armée considérable en Epire contre Scanderberg, sous la conduite du même général qui avait battu les troupes du sophi. Son amour-propre ne lui laissait aucun doute sur le succès; il parvint presque sous les murs de Croie, et envoya une sommation hautaine à Scanderberg. Celui-ci, qui avait pris ses mesures, attaqua dès le lendemain les Turcs de tous les côtés; il les poussa insensiblement sur les bords de la petite rivière qui baigne les murs de Croie, et qui, par un heureux hasard, était extrêmement grossie de la fonte des neiges. Resserrés dans un petit espace, et se précipitant les uns sur les autres dans le torrent, ils ne purent disputer long-temps leur vie. Le général ottoman, du nom d'*Amèse*, fut réduit à demander grâce. Scanderberg la lui accorda, sous condition qu'il partirait de suite, avec dix de ses principaux officiers, pour aller rendre compte à Mahomet de l'événement, et lui dire que tous ceux qui avaient pu échapper à la mort venaient de prendre parti dans l'armée albanaise; ce qui en effet eut lieu le soir du même jour, en présence du général vaincu.

Avant l'arrivée d'Amèse, le sultan étonné connaissait déjà sa défaite par quelques fuyards, qui l'avaient devancé à Andrinople. Furieux, Mahomet ordonne de couper la tête à son général dès qu'il paraîtra; et nomme à sa place un chef de troupes nommé *Débréas*, homme de cœur et très brave, disent les mémoires du temps, mais rempli de jactance, et assurant sur sa vie d'amener Scanderberg, vif ou mort, aux pieds du sultan. Il partit avec une armée double de celle d'Amèse, qui fut encore renforcée d'un train immense d'artillerie et de bouches à feu, dont l'invention ne datait pas depuis fort long-temps. On ne peut se dissimuler que le danger était grand pour Scanderberg.

Celui-ci ne s'en effraya pas; il avait à

justifier la confiance de ses sujets dévoués. Il rassembla tout ce qu'il avait de combattans disponibles, et les conduisit à grandes marches au-devant de l'ennemi. Le point capital était de choisir un champ de bataille, où les Turcs ne pussent tirer avantage de leur artillerie. Il n'en avait pas une seule pièce à leur opposer. Il espérait en posséder un bon nombre après la bataille. Il communiqua son dessein à un corps de deux mille hommes d'élite, qui, sans s'arrêter à combattre, devaient, en se glissant de leur mieux par le côté, tomber comme des vautours sur les canonniers, les culbuter, s'emparer de leurs pièces et les tourner contre eux. Il projetait, quant à lui, de bien observer de l'œil l'endroit où se tiendrait le chef *Débréas*, et de l'attaquer personnellement corps à corps; persuadé que ce général, une fois mort ou prisonnier, il aurait bon marché du reste.

Tout réussit comme il l'avait combiné. Les pièces d'artillerie furent enlevées, après une défense terrible et sanglante, mais prises néanmoins, et braquées sur-le-champ contre le gros de l'armée turque. Les hommes de Scanderberg étaient autant de héros. Jamais on ne vit ardeur et dévouement pareils.

Débréas, qui s'aperçut de l'enlèvement de son artillerie, y courut de toute la vitesse de son cheval. Scanderberg, qui le cherchait, se mit sur ses traces, de toute la puissance du sien; il l'atteint au milieu du chemin, et lui crie d'arrêter. *Débréas* se retourne, et reconnaît Castrioto. Il se met en défense, et le combat entre eux deux se décide. Tous deux de la main ordonnent à ceux qui les suivent de s'écarter. Les deux armées s'arrêtent; tout est en *suspens*. On croirait assister à ces combats fameux, si bien peints par les poëtes de l'antiquité, à celui de Turnus et d'Enée, dans Virgile, ou d'Achille et d'Hector dans Homère; combats qui sont plus dans la nature qu'on ne pense, quand les chefs sont vraiment des hommes héroïques; mais dont sont peu curieux les princes de nos jours, qui regardent leurs sujets comme trop heureux d'aller se faire tuer pour leurs folles dissensions; tandis qu'eux-mêmes, loin du danger, sont aussi froids à l'action qu'indifférens au succès.

Le Turc était, par sa bravoure et sa force, un rival digne de Scanderberg; assez longtemps la victoire fut indécise; la même adresse se déployait des deux côtés; le risque était égal de part et d'autre. Déjà même les Epirotes commençaient à perdre patience, et voulaient aller faire cesser le danger du roi; lorsque par une feinte adroite, Scanderberg, faisant un mouvement de côté, tourne subitement à gauche sur son ennemi, et lui enfonce son glaive dans le flanc jusqu'à la poignée.

Débréas tombe du coup; les Turcs jettent un grand cri et se débandent; les Albanais fondent sur eux et les chargent l'épée dans les reins. Alors commence un horrible carnage d'homme à homme; mais la résistance fut courte; les Turcs ne songent qu'à fuir, et Scanderberg, ralliant les siens, leur fait reprendre leurs rangs, place l'artillerie en tête de leur colonne, et regagne paisiblement sa capitale.

Mahomet, humilié jusqu'au fond de l'âme, dissimule, et remet à un autre temps les soins de sa vengeance. Un grand projet l'occupait ; il voulait s'emparer de Constantinople, où régnait encore le faible Constantin Paléologue. Il voulait établir le siége de son empire dans la célèbre Byzance ; et, au fait, malgré l'importance et la grandeur apparente d'un tel plan, l'exécution en était plus facile que de chasser Scanderberg de sa plus mince bourgade. Le proverbe : *tant vaut l'homme, tant vaut sa terre*, est ici parfaitement applicable. Castrioto, à la place de Constantin, eût gardé sa capitale ; Constantin, à la place de Castrioto, eût été amené, pieds et mains liés, à Mahomet.

Scanderberg, voulant à son tour se rendre redoutable à son ennemi, et lui donner des preuves d'une audace sans exemple, osa se mettre en marche avec une troupe peu nombreuse, mais bien choisie, et s'avança sur les possessions turques beaucoup plus avant que la prudence ne le permettait. Il parut à la vue de Belgrade, au confluent de la Save et du Danube; il voulait s'emparer de cette ville qu'il espérait réduire par un coup de main; portant ainsi l'épouvante au cœur des Etats de Mahomet.

Il y trouva une résistance plus forte qu'il ne l'avait cru; il eut à se défendre contre des corps nombreux de combattans qui accouraient de toutes parts, il fut enveloppé, attaqué sans relâche, repoussé, battu, et dans le danger le plus grand qu'il eût encore couru de sa vie. Mais il ne perdit pas la tête; il tira de sa faute même, qu'il avoua sans détour à ses généraux, un nouveau lustre, une nouvelle occasion de gloire, par la fermeté de son caractère et son intrépide bravoure.

Il avait remarqué dans sa marche une chaîne de rochers d'une hauteur immense, à l'abri desquels une armée ne pouvait être surprise par derrière; il s'y retira tout doucement, en combattant toujours, et parvint à y réunir trois à quatre mille des siens, déterminés à périr jusqu'au dernier pour le sauver.

Mahomet, se croyant déjà maître de lui, le fit cerner de tous les côtés accessibles, puis donna quelque relâche à ses troupes fatiguées. Trois jours se passèrent ainsi; il paraissait impossible que Scanderberg ne se rendît pas par défaut de vivres; tant les Turcs faisaient bonne garde en se renforçant d'heure en heure.

Le troisième jour, au lever du soleil, les Epirotes ayant épuisé le reste de leurs subsistances, mais bien rafraîchis et dispos, ne prennent conseil que de leur désespoir. Ils placent au milieu d'eux leur prince chéri, et se jettent dans le chemin de droite, à bride abattue; ils passent, sans s'arrêter, sur le ventre de tout ce qui se rencontre; ils culbutent, ils renversent des milliers d'ennemis surpris, stupéfaits; et vont se former en bataille à une demi-lieue de là, le long d'un bois, où ils trouvent un gros corps de leurs compagnons, qui, par un heureux hasard, avaient gagné cet endroit en abandonnant les murs de Belgrade, et qui furent remplis de la joie la plus vive en revoyant Scanderberg dont ils ignoraient le sort. Ils avaient avec eux des munitions de bouche et de guerre. Leur rencontre mutuelle ranima tous les courages. Leur nombre était faible, mais leur intrépidité était grande; ils jurèrent à Scanderberg de regagner leurs confins, et tinrent parole.

Ils partirent de suite au petit pas; le terrain les favorisait. D'un côté coulait le Danube, de l'autre s'étendait une colline élevée couverte de bois; on ne pouvait arriver à eux que par derrière. A tout moment ils faisaient volte-face, faisant passer adroitement de la tête à la queue ceux qui étaient les moins fatigués, et qui repoussaient avec vigueur les Turcs acharnés à leur poursuite, sans pouvoir les entamer.

Au débouché, dans la plaine, il fallut se

disposer à combattre. Heureusement pour Scanderberg, une troupe d'environ deux mille de ses valeureux montagnards, commandés par le monténégrin *Czernowich*, y était déjà arrivée par des sentiers impraticables pour d'autres; ils cherchaient à rentrer dans leur pays, ne marchant cependant qu'à très petites journées, toujours suivant la crête des montagnes, et jetant au loin leurs regards, dans l'espoir de retrouver leur roi, dont ils étaient fort inquiets.

Ce nouveau renfort rassura tous les esprits. Ils s'arrêtèrent tous après s'être rejoints; et choisissant un lieu propre à y passer la nuit sans pouvoir être surpris, ils s'apprêtèrent à livrer le lendemain un combat furieux à l'ennemi, quoiqu'il fût au moins trois fois plus nombreux.

Les généraux Turcs, ne sachant que trop bien à quels hommes ils avaient affaire, paraissaient assez indécis. Quelques uns concluaient à laisser les Epirotes rentrer tranquillement chez eux. Mahomet, blessé d'une chute de cheval, avait quitté l'armée, et laissait aux chefs le libre arbitre de leur conduite dans cette occasion : lorsque deux hommes, armés de pied en cap, et dont la réputation guerrière était en grande estime chez les soldats musulmans, vinrent représenter à haute voix que l'empereur Mahomet ne pardonnerait à personne de laisser échapper l'occasion aussi favorable de le débarrasser d'un ennemi tel que Scanderberg. Ils prirent sur eux de disposer la bataille pour le lendemain, et s'engagèrent, par serment, de percer jusqu'à l'endroit où se trouverait le roi, de l'attaquer personnellement à la fois, et de tuer enfin ce rebelle couronné; s'en rapportant à l'empereur pour la récompense qui leur serait due. Ces deux hommes se nommaient *Achmat* et *Barach*; c'étaient deux officiers de cavalerie.

Il semble qu'un miracle seul pouvait sauver l'illustre Castrioto. Il sut si bien placer et arranger son ordre de bataille; il avait tant de supériorité à cet égard sur les

Turcs, qu'il affermit parmi les siens l'espoir de la victoire, et qu'ils crièrent eux-mêmes qu'on engageât de suite le combat. Scanderberg enthousiasmé, électrisé par ce mouvement, se met à leur tête, et marche avec eux à l'ennemi, en poussant de grands cris. Il ignorait le risque personnel qui l'attendait.

Les Turcs reçoivent les Epirotes avec le même courage; mais ils ne font que se défendre. L'audace et la rage enflamment les soldats de Castrioto; déjà ils ont remporté quelque avantage sur le terrain, quand tout à coup les deux officiers musulmans se font jour, arrivent jusqu'à Scanderberg, et l'attaquent avec une impétuosité qu'il était loin de prévoir.

L'imminence du danger réveille sa fureur; le sang des siens ruisselait jusque sur lui; les Turcs en masse frappaient au hasard sur tout ce qui l'entourait; il se trouve, en un moment, seul contre les deux assassins. Il recueille tous ses esprits, et ramasse toutes ses forces. D'un coup de revers il atteint *Barach* au front, et lui fait sauter les deux yeux hors de la tête. Le misérable abandonne les rênes de son cheval, tombe, et roule dans la poussière, en poussant des cris horribles. *Achmat*, que cet échec n'émeut point, se précipite sur le prince, avant qu'il ait eu le temps de se remettre; il s'élance de son chéval sur celui de Scanderberg, le saisit au corps, l'enveloppe de ses bras, cherche à l'étouffer, et se colle sur lui avec une rage que rien ne peut décrire. Un gros d'Albanais fond en fureur sur ce groupe, et veut dégager Castrioto; une troupe plus nombreuse de Turcs se jette au-devant, et repousse leurs efforts. Scanderberg, pris au dépourvu, mais qui a encore la liberté d'un bras, saisit adroitement un poignard qui était à la ceinture d'Achmat, et le plonge, avec une présence d'esprit admirable, dans la gorge de ce furieux, qui le lâche enfin, après l'avoir couvert de morsures impuissantes, et qui expire à la vue des deux armées.

Des faits aussi surprenans, aussi incroyables, pourraient laisser le lecteur indécis sur la vérité de l'histoire; je me hâte de lui dire que ce récit est garanti par un écrivain digne de considération et de foi, le prévôt *Marin-Barlèce*, ecclésiastique de Scutari, lequel était, pour ainsi dire, contemporain.

Scanderberg, dégagé d'un si grand péril, profite de la stupeur générale que venait d'occasionner une lutte de cette nature. Couvert de sang, mais non blessé, il rentre parmi les siens; et sans prendre un instant de repos, il les ramène à grands cris sur les Turcs, qui se troublent, se débandent, se dispersent, et fuient épouvantés. Au bout de quelques heures, il n'y avait plus d'ennemis. Le roi rassemble son monde, qui s'augmente à tout instant par l'arrivée successive de soldats isolés qui revenaient des environs de Belgrade, et qui reprenaient avec une joie indicible leurs rangs sous les yeux du grand capitaine qu'ils adoraient. Ils regagnèrent tous l'Epire.

On devrait croire que ce fut là le terme

des efforts inutiles du sultan, et de la haine mal fondée qu'il portait au roi d'Albanie. On se tromperait beaucoup. La colère de Mahomet ne connut point de bornes au récit de la manière héroïque dont Scanderberg avait échappé à la mort qui lui était destinée. Le farouche ottoman jura par son prophète qu'il exterminerait cet homme, qui osait le braver à ce point. « Quoi ! disait-il, dans des momens » de rage, que les chroniques rapportent : » l'Epire, ce petit amas de rochers, me » coûtera plus à réduire que les provinces » immenses que j'ai subjuguées ! Quoi ! » quand je suis maître de Constantinople, » (car il le devint en effet) un rebelle, » un petit chef de montagnards, élevé » par charité chez mon père, résisterait » impunément aux armes du croissant, » aux volontés du vainqueur des Perses, » au souverain de l'empire d'occident ? » Non; j'en périrais de honte. Je veux » qu'il soit exterminé; je veux qu'il

» disparaisse! » C'était fort bien dit, ajoute le chroniqueur ; mais en secret Mahomet avait peur de Scanderberg, et celui-ci se moquait des fureurs du premier.

D'après ces dispositions de l'empereur turc, le sort de l'Epire était, au fond, véritablement précaire. Il fallait le grand homme dont nous décrivons les hauts faits, pour former cette souveraineté albanaise; et il eût fallu que des fils qui lui resemblassent eussent été à même de la maintenir. Malheureusement, Scanderberg, mort beaucoup trop tôt pour son pays, ne laissa qu'un fils trop jeune, et trop peu favorisé de la nature, pour pouvoir soutenir son brillant Etat. On verra plus tard comment, après le décès du grand Castrioto, les Turcs, sous un autre empereur que Mahomet II, ravagèrent et soumirent toutes les parties de l'Epire, le seul pays des Monténégrins excepté : pays qui résista constamment à leurs efforts, à leurs invasions, et qui a fini par conserver son indépendance politique, telle que nous la voyons aujourd'hui.

C'est un spectacle bien digne d'admiration et d'intérêt, que celui d'une poignée de montagnards, sans richesses, sans arts, sans alliés, se soutenant depuis les siècles les plus reculés, depuis les temps fabuleux, sans avoir été subjugués par aucun conquérant, et n'ayant jamais obéi à des lois qu'à celles qu'ils ont reçues volontairement, et qu'ils suivent encore.

CHAPITRE XV.

Suite de l'état politique du Montenegro, pendant et après Scanderberg.

QUELQUES années de calme suivirent ces célèbres exploits; les Vénitiens seulement trouvèrent mauvais quelques changemens sur les frontières du côté de Raguse, que Scanderberg voulut effectuer pour sa convenance. Les montagnards, ou Monténégrins, se prêtèrent à tout ce qu'il désirait, sachant très bien que l'intérêt général du pays était son seul guide, et qu'il ne cherchait qu'à mettre son territoire en bon état de défense, et à le rendre respectable pour tous ses voisins.

La sérénissime république, toujours ombrageuse, lui fit faire des représentations assez vives, qui auraient pu amener une rupture désagréable entre les deux Etats, sans l'intervention d'un médiateur qui concilia tout, et pour qui Scanderberg montra la déférence la plus respectueuse. C'était le pape Pie II. Ce pontife, l'un des hommes les plus éclairés de son siècle, était un admirateur passionné du héros albanais; il disait hautement qu'il ne connaissait aucun prince en Europe qui pût lui être comparé. Il portait ses vues plus loin : observateur profond, il voyait, par les progrès de Mahomet dans la Romanie, et par la conquête qu'il venait de faire de Constantinople, que l'église trouverait en lui l'un de ses ennemis les plus redoutables; qu'un jour ou l'autre il subjuguerait les côtes de l'Adriatique, et qu'il pourrait pénétrer dans l'Italie, dont le bouleversement alors serait à craindre.

Il projetait donc, sous main, d'armer les princes chrétiens contre l'empereur mahométan; et il ne jugeait personne plus digne de commander cette ligue, que le roi d'Albanie. Il en fit confidence aux Vénitiens qui, trouvant le projet très sensé, n'hésitèrent pas à promettre un secours d'hommes et d'argent, lorsqu'il s'agirait de se déclarer. Les Vénitiens en voulaient depuis long-temps aux Turcs qui troublaient le commerce de la république dans l'Archipel; ils se hâtèrent de s'accommoder avec Scanderberg sur l'affaire des frontières; et, en honneur de la bonne amitié rétablie, ils lui envoyèrent un des sénateurs les plus distingués, en ambassade, avec des présens magnifiques pour lui, et pour la reine son épouse. Autant en fit le roi de Naples, alors de la maison d'Arragon; le tout par les soins du pape qui élevait Scanderberg aux nues, et lui témoignait une considération égale à celle qu'il professait pour les plus grands souverains.

On ajoute même que ce pape, d'un caractère entreprenant et décidé, formait le dessein de joindre à cette ligue un corps de troupes de ses propres Etats, et de les conduire lui-même jusqu'à Croie, résidence du roi d'Albanie, qu'il brûlait de connaître personnellement, comme admirateur de ses hautes qualités. Il le regardait comme pouvant être le boulevard de la chrétienté.

Sans doute les Etats, les royaumes et les grands empires ont leur temps et leur âge limités, comme les mortels ont leur naissance et leur déclin. Constantin, en transportant le siége de son empire de Rome à Byzance, commit une grande faute; il en résulta par la suite deux puissances séparées, savoir : l'empire d'orient et l'empire d'occident; puis la chute de ce dernier, lorsqu'un autre Constantin, dit Paléologue, vaincu par Mahomet, vit sa capitale tomber aux mains des infidèles.

Pie II, qui eût été, par son caractère, meilleur guerrier que vicaire du Christ, dont le royaume n'est pas de ce monde, voulait repousser les mahométans dans l'Arabie d'où ils sortaient; il eût volontiers endossé la cuirasse et ceint le baudrier, tout prêtre qu'il était, pour les combattre en personne. Le sang coulant à grands flots ne l'eût point arrêté, pourvu que c'eût été du sang hérétique. Tant il est facile de faire plier les maximes de l'*évangile* au gré de ses passions!

Ce livre divin est comme un arsenal où chacun trouve des armes à sa convenance. Si, d'une part, le Sauveur y prêche la paix, la tolérance, l'amour des hommes; d'un autre côté on y lit que le fils de Dieu n'est point venu apporter la paix, mais le glaive; qu'il faut forcer les gens d'entrer, et condamner au *feu tout* ce qui ne pense pas comme nous.

C'est la mauvaise interprétation de ces passages contradictoires qui a fait couler des ruisseaux de sang dans toutes les contrées du monde connu. C'est au nom sacré du Dieu de douceur et de miséricorde, que des prêtres ambitieux ont armé, fanatisé les ignorans; et c'est ainsi que l'entendait le grand, le saint pape Pie II, qui redoutait la destruction du pouvoir temporel de ses pareils. Il fallait donc, selon lui, que tous les souverains soumis à l'église se liguassent pour exterminer Mahomet II.

Ce dernier, l'alcoran en main, pensait de même pour son compte. Tuer des chrétiens, était se rendre agréable à Dieu et à son prophète. Les prêtres de sa religion, les imans, le mufti, lui prêchaient la même doctrine. Et voilà comment tous, invoquant le père commun des hommes, le créateur des Turcs, des Chinois, des chrétiens et de tout ce qui respire, les insensés humains, dupes des fripons qui vivent à leurs dépens, troublent l'univers, détruisent les œuvres de la création, autant qu'il est en eux, et méconnaissent la vraie morale, la véritable religion, écrite dans le cœur de tous, pour y substituer, dans l'intérêt de quelques fourbes, de misérables logogryphes que ni les uns ni les autres ne comprennent!

Quoi qu'il en soit, Mahomet, bien et dûment averti du plan des chrétiens, se mit en mesure. Deux intérêts puissans l'animaient : celui de sa vengeance particulière contre Scanderberg, et celui de repousser les projets hostiles du pontife de Rome.

Au retour donc de sa brillante campagne du Bosphore, et plein des idées séduisantes de la gloire qu'il venait d'acquérir, il fit marcher ses troupes victorieuses dans l'Albanie; comptant bien, cette fois, effacer toutes les humiliations antérieures, que son père et lui avaient essuyées dans cette partie de leur empire. Rien ne fut épargné ni négligé pour le succès : munitions, armes, artillerie, corps nombreux de troupes, harangues, proclamations aux soldats, récompenses promises pour qui s'emparerait du roi d'Albanie, tout fut mis en œuvre. Jamais armement plus formidable n'avait traversé la Grèce. Tout assurait à Mahomet la victoire la moins disputée; il l'espérait d'autant plus, qu'il savait que la ligue formée contre lui n'avait encore rien de prêt; la chute de Scanderberg lui paraissait certaine.

Ce dernier comprit que cette attaque était la plus sérieuse qu'il eût encore eue à soutenir. Il fit partir, par précaution, son épouse pour l'Italie, avec la commission de demander du secours à Ferdinand d'Arragon, qui lui fut promis, mais qui ne vint pas. Il fit évacuer Croie, sa capitale, par toutes les bouches inutiles, et y laissa une garnison en état d'arrêter quelque temps le premier choc des ennemis; puis se retirant dans ses inexpugnables montagnes avec l'élite de ses troupes, disposées par échelons, il attendit de pied ferme les Turcs, sans désespérer de sa fortune, et plein de l'indomptable courage qu'il savait inspirer à tous les siens. La masse entière de la puissance musulmane s'avançait sur lui; il la vit venir d'un œil assuré. Trois cent mille combattans, tout aguerris qu'ils fussent, n'étaient pas capables de jeter la crainte dans l'âme de Castrioto, ni d'épouvanter ses fidèles montagnards. Vaincre ou mourir fut le cri général.

Les plaines de l'Albanie furent bientôt couvertes des innombrables phalanges de Mahomet. Partout l'étendard du croissant était arboré, et ceux de Scanderberg abattus. On n'opposa de résistance nulle part. Les habitans se repliaient à mesure que les musulmans avançaient; ils ne trouvaient que des masures abandonnées, des villages déserts; ils arrivèrent enfin jusque sous les murs de *Croie*.

Là, du haut de leurs remparts, les soldats de Scanderberg les regardant d'un œil tranquille, semblaient défier cette foule immense qui s'empressait d'ouvrir des tranchées, d'élever des tentes, de creuser des puits, de se loger comme pour une expédition de longue durée. Toutes les portes de la ville avaient été murées en dedans, excepté une seule du côté d'un môle escarpé, par où la garnison avait ordre de sortir, après avoir tenu le plus long-temps possible, et de gagner les montagnes, en pelotons séparés, pour se rendre de leur mieux près du roi. C'était le seul endroit par où la ville ne pouvait être entourée, ni la communication interrompue. D'heure en heure on pouvait par là donner avis à Scanderberg de ce qui se passait, et le prévenir du moment où l'on serait obligé d'aller le joindre.

Quatre jours se passèrent avant que l'ennemi ne fît jouer son artillerie ; il se contentait de parader tout le long de la journée, avec l'affectation de déployer sans cesse de nouvelles troupes, comme pour montrer le nombre infini qui s'y trouvait. Enfin une sommation d'ouvrir les portes fut envoyée. La garnison se tint froidement à couvert et sans remuer, ni répondre d'aucune manière. On récidiva ; toujours même silence : on ne prit pas la peine de leur dire qu'on ne pouvait point ouvrir, parce que derrière les portes un mur de douze pieds d'épaisseur ne le permettait pas.

Les généraux turcs se croyant insultés, bravés, firent des menaces de la voix et du geste, qui ne réussirent pas davantage. Ils approchèrent les canons, et s'apprêtèrent à faire feu. On les laissa s'approcher tant qu'ils voulurent ; on ne fit aucune mine de résistance ; ils usèrent de la faculté, et vinrent à cent pas de l'entrée principale, où de nombreuses batteries furent placées, et de gros corps de troupes, rangées derrière, pour se précipiter sans doute dans la ville dès que la porte serait forcée. On allait commencer le feu ; plus de vingt mille Turcs , stupéfaits du silence qui régnait dans la place, touchaient presque les murs : lorsque tout à coup, démasquant les canons qui bordaient le rempart, la garnison poussant un grand cri, lâche la terrible bordée de plus de quarante pièces chargées à mitraille, qui, dans un instant, renverse la moitié de tout ce monde, en tue immensément, et disperse le reste.

L'armée turque, qui ne s'attendait point à ce terrible salut, en fut un peu déconcertée. Les généraux n'osaient donner l'ordre d'aller retirer les canons, convaincus que la mitraillade allait recommencer. Ils se trompaient; la garnison, sans aucun autre mouvement, avait retiré ses pièces, et les rechargeait en silence, en attendant que les Turcs revinssent aussi près que la première fois. Vers la nuit ils reparurent en plus grand nombre encore, amenant d'autres canons plus gros, et les braquant les uns contre la porte, les autres vers le haut du rempart. On les laissa faire; on ne riposta rien à vingt décharges, au moins, qu'ils dirigèrent à leur aise, mais qui ne produisaient que du bruit sans aucun effet.

Une impatience naturelle ayant gagné les Turcs, ils se précipitent en furieux vers la porte avec des haches et des leviers pour l'entamer, tandis que d'autres rapprochaient leurs canons, et avançaient avec confiance : à l'instant un grand cri s'élève d'un autre point du rempart, et les quarante bouches à feu, amenées sur ce point, vomissent des milliers de balles, de clous, de morceaux de fer, qui font un effet plus terrible encore que le premier. Le glacis était jonché de morts, de mourans et de blessés; les Turcs épouvantés fuient à plus d'une lieue de là, n'osant regarder derrière eux, et entraînant leurs généraux consternés. Leur artillerie culbutée, démontée, criblée sur tous les points, reste sur le champ de bataille; aucun signe de vie de la garnison n'annonce qu'elle prend la moindre part à ce qui se passe. On porte à plus de trente mille, les Turcs tués ou blessés dans ces deux actions.

Deux jours s'écoulent; une odeur fétide de cadavres s'élève des environs de la fatale porte; les gémissemens des blessés, des mutilés, augmentaient l'horreur; enfin un groupe d'environ cent Turcs, suivis de quelques charriots, s'avance, avec des signes de supplication, faisant entendre qu'ils désiraient enlever leurs malheureux compagnons. Personne de la garnison ne répond; qui que ce soit ne remue, ni ne paraît. Les Turcs enlèvent leurs blessés, en indiquant qu'ils vont revenir prendre ou enterrer les morts. On ne leur répond pas davantage. Ils reviennent en nombre double, ou triple; ils débarrassent entièrement le glacis des hommes gisans, mais n'osent pas toucher aux canons, qui d'ailleurs paraissent hors d'état de servir sur leurs affûts. Les Croiens ne bougent pas; on eût dit la ville abandonnée, ou peuplée de muets.

Scanderberg instruit, arrive pendant la

nuit, et comble de louanges la conduite de la garnison; il ne voit rien à changer au plan suivi jusqu'à ce moment. Seulement il craint que l'ennemi ne tourne toute la chaîne des montagnes de l'Epire, pour tomber sur lui par les frontières vénitiennes ou d'Autriche. Toute son attention se porte sur ce point, quoiqu'il sache qu'il faudrait au moins une quinzaine de jours favorables pour exécuter une telle marche, dont le succès serait encore fort douteux, puisqu'il n'y aurait nul moyen d'y conduire de l'artillerie.

Rempli d'espoir et de joie, il retourne au sein de ses montagnes; se flattant que bientôt il balaiera de ses confins les Turcs, intimidés par une entrée de jeu aussi funeste pour eux, et aussi décourageante.

Mahomet, de son côté, arrivait à grands pas avec tout ce qu'il avait pu ramasser de renforts; il amenait avec lui une abondance énorme de métaux, pour fondre de l'artillerie de plus gros calibre, propre à servir de plus loin ; des ouvriers en toutes sortes de machines de guerre le suivaient. Il avait juré de foudroyer Croie. Rien ne pouvait lui faire abandonner le dessein de détruire cette ville; et c'est probablement ce qui sauva Scanderberg.

Cette folle obstination retint le sultan sous les murs d'une forteresse, dont il craignait même d'approcher. Il perdit un temps considérable à construire des fourneaux ; ses ouvriers n'étaient rien moins qu'habiles; la saison pluvieuse dérangea tous ses plans. En vain il s'obstinait, son armée se fondait sous ses yeux; ses soldats se lassaient, se mutinaient, et rien n'avançait : il manqua d'ailleurs bientôt de vivres.

Le roi d'Albanie, qui connut les embarras de son ennemi, sortit comme un lion furieux des gorges du Montenegro. Evitant une affaire générale, il l'attaquait tantôt à droite, tantôt à gauche; il enlevait ses convois, détruisait ses fourrageurs, ne lui laissait pas un moment de relâche, et réduisit aux abois le vainqueur de Constantinople, qui eut la honte d'échouer devant une bicoque.

Au bout de trois mois consumés en inutiles efforts, ayant perdu les deux tiers de son immense armée, obligé de céder à l'ascendant d'un ennemi trop supérieur à lui, Mahomet II fut trop heureux d'abandonner l'Epire, et de regagner Constantinople. Il n'y arriva pas sans échec. Scanderberg le harcela tout le long de la route. Peu s'en fallut même qu'il ne s'emparât de sa personne; beaucoup de ses guerriers le quittèrent, préférant le service du roi d'Albanie. Il laissa dans cette expédition des trésors considérables, un matériel énorme en artillerie, charriots, armes de toute espèce, et rentra malade de chagrin dans son palais, n'osant, par honte, se montrer à ses généraux.

Pour faire diversion à cette disgrâce, il s'occupa de lever une nouvelle armée qu'il conduisit en Asie, où la fortune moins contraire lui fit cueillir des lauriers, moins difficiles à acquérir. A partir de cette époque son caractère devint morne et farouche. Mille traits de cruauté flétrirent sa vie; il ne pouvait supporter d'entendre nommer le héros de l'Epire. Des convulsions le prenaient quand le hasard lui offrait quelques souvenirs de ce grand homme.

Scanderberg rentré dans sa capitale, la fit embellir; il rappela son épouse d'Italie; il eut le plaisir de devenir père, mais d'un enfant de peu d'espérance pour la santé. Dieu ne lui en accorda pas d'autres; et ce fils mal constitué ne put soutenir la gloire de son père; les successeurs de Mahomet démembrèrent peu à peu les Etats qu'avait rassemblés Castrioto sous le sceptre d'Albanie. Les Monténégrins seuls ne purent être subjugués. Les Turcs les ont resserrés dans leurs montagnes, et les ont souvent troublés; mais leur invincible résistance les a toujours fait triompher des entreprises de leurs voisins, les pachas du grand-seigneur, parmi lesquels celui actuel de Janina n'a pas été pour eux le moins à craindre.

Croie ne subsiste plus aujourd'hui ; ce n'est plus qu'un bourg isolé, dont l'antique gloire semble effacée du souvenir des hommes. La rouille ottomane corrode tout ce qu'elle touche. Elle a détruit Athènes, Sparte, Corinthe, cités bien autrement importantes que la faible ville de Croie ; mais on peut douter si, dans aucune de ces villes, célèbres à tant de titres, il parut jamais un plus grand homme que Scanderberg. Il ne lui a manqué qu'un plus vaste théâtre, des historiens plus distingués, et sans doute aussi une plus longue carrière ; car qui sait jusqu'où il fût parvenu, si la parque n'eût pas coupé sitôt la trame de ses jours?

Le pape poursuivait toujours son projet de ligue des puissances chrétiennes contre Mahomet, malgré l'humiliation de ce dernier, et le peu d'apparence qu'il osât revenir à la charge. Scanderberg était toujours celui sur lequel le pontife jetait ses vues, pour être le chef des armemens convenus. Ne pouvant pas aisément se rendre en Epire, malgré le désir extrême qu'il en avait, l'ardent pontife engagea le roi d'Albanie à se rendre à Lysse, ville située près du golfe Adriatique, pour la possession de laquelle Castrioto était en traité avec les Vénitiens. Là se trouvaient déjà rassemblés beaucoup de princes de la ligue, tous d'accord sur le choix qu'avait indiqué le pape.

Au moment des conférences, après quelques jours donnés à des complimens et des fêtes, dont Scanderberg était l'âme, ce héros se trouva pris d'une fièvre qui l'obligea de garder le lit. Le mal empirant de jour en jour, il se jugea près de sa fin, et malheureusement ne se trompait pas. Il songea donc à mettre ordre à ses affaires; puis il appela dans sa chambre les seigneurs confédérés, parmi lesquels se trouvaient les ambassadeurs de Rome, de Naples et de Venise.

Il leur tint un discours, que les chroniques du temps ont conservé, mais sur la teneur positive duquel il est permis d'élever quelques doutes. Les historiens se permettent souvent de fabriquer eux-mêmes les discours de leurs héros. On sait comment Tite-Live et tant d'autres en usaient. Quoi qu'il en soit, si Scanderberg ne l'a pas prononcé précisément de même, il n'a pu que professer les sentimens héroïques qui y sont déployés.

Après ses adieux à ces princes, il fit venir son fils, qui se nommait *Jean*. « Mon » enfant, lui dit-il, je te laisse; tu vois que » je meurs avec la douleur de te sentir trop » petit, et trop faible, pour soutenir digne- » ment ton nom. Il est bien à craindre que » notre éternel ennemi, le traître mahomé- » tan, ne t'enlève ce que je t'ai acquis au » prix de tant de sueurs. Je remets le tout » aux mains de la Providence qui sait mieux » que nous ce qui nous convient. Ecoute » les conseils de la reine ta mère, ici présente; » et du reste je te recommande à l'amitié » de notre saint père le pape, du roi de » Naples et de la république de Venise. »

A peine Scanderberg avait-il fini ces mots, qu'un bruit confus se fit entendre dans la rue sous les fenêtres du palais; on criait avec effroi que les Turcs avaient fait une irruption dans le port, et qu'ils avançaient vers la ville. Le roi malade se lève sur son séant, et demande ses armes. La reine et les autres assistans le retiennent; une faiblesse le plonge dans un long évanouissement; il apprend le même soir que l'on a couru en forces sur les brigands, et que tous ont été tués ou faits prisonniers. Dans la même nuit, après une crise plus pénible pour ses amis que pour lui, ce héros expira dans les sentimens les plus religieux, et avec le calme d'un homme juste. Ce fut le 17 janvier 1467, la vingt-quatrième année de son règne et la cinquante-unième de son âge.

Il fut inhumé avec grande pompe dans l'église de Saint-Nicolas de Lysse. On y accourut de toutes les parties de l'Epire; ce fut un deuil général; chacun pleurait un défenseur et un père. Ses chers montagnards surtout étaient inconsolables. Plus de trois mille hommes et femmes se transportèrent à Lysse pour venir pleurer sur sa tombe.

Quatre ans après, Mahomet envahit l'Albanie. Scanderberg n'y était plus; il s'empara facilement de tout le pays. La montagne seule, ou le Montenegro, lui résista avec constance ; il ne put l'entamer. Entré dans Lysse avec ses troupes, il se fit ouvrir le tombeau du héros. Après l'avoir considéré long-temps, il se retira pâle, tremblant, et les yeux mouillés de larmes. Ses soldats, pleins de vénération pour l'illustre guerrier, se partagèrent ses vêtemens comme de précieuses reliques. Chacun voulait toucher ce corps, encore sain, et non décomposé ; ses mains furent couvertes de baisers. Cet hommage populaire envers Scanderberg est fort au-dessus de ces fastueuses oraisons funèbres que l'orgueil commande, que la vanité paie à grands frais, et que la bassesse prononce d'une bouche impure et mensongère.

Après la mort de son père et la perte de ses Etats, le jeune fils de Scanderberg fut recueilli, avec la reine sa mère, à la cour du roi de Naples. Les troubles sans cesse renaissans de ce royaume s'opposèrent à ce que l'on s'occupât des intérêts de cette famille, qui s'éteignit en la personne du fils, faute de postérité.

Ainsi s'éclipse ce qui brille un instant sur la terre! D'ignorans pachas, des barbares sans talens, sans instruction, dominent dans ces lieux jadis si féconds en grands hommes! La race humaine, réduite en esclavage sous les vils despotes que la Porte y maintient, s'y est abâtardie; sauf cette petite portion de l'ancienne Epire, que l'on connaît aujourd'hui sous le nom de peuple monténégrin. Il est infiniment probable que cette race d'hommes, véritablement autocthone; qui n'a jamais quitté ses montagnes, et qui ne s'est mêlée avec aucune autre, est la même que celle nommée *Caucones* par le géographe Strabon; « laquelle nation, dit-il, de toute antiquité » libre et indépendante, par sa valeur et » sa position inaccessible dans les rochers » de l'Epire, ne reçut jamais la loi de qui » que ce soit. » Enfin, pour dernier trait de ressemblance ou d'identité, le même écrivain fait mention de ce grand chemin, ou voie Egnatienne, qui se dirige vers le levant, dans une longueur de plus de deux cents milles, et dont j'ai retrouvé les vestiges, tels que je les ai décrits, et qu'on les voit sur la carte de ce pays.

Il ne sera pas difficile d'expliquer maintenant comment cette contrée, séparée en quelque sorte de tout ce qui l'entoure, s'est conservée intacte, au milieu des bouleversemens successifs de toutes les provinces voisines. Les Vénitiens, les Autrichiens, les Turcs, n'ont jamais considéré les montagnes du Montenegro comme assez riches pour en faire un grand sujet de convoitise. Venise n'aurait pas vu de bon œil, cependant, que l'Autriche ou la Porte s'en emparassent. Le même esprit de jalousie dominant ces trois puissances, et cette conquête offrant trop de difficultés locales, le résultat naturel a été l'indépendance de ces montagnards, qui, en ce moment, sous le patronage de la Russie, peuvent braver tous leurs voisins.

Il est vrai que, si l'on en excepte le

turbulent Ali pacha, personne, depuis plus d'un siècle, ne songeait à chercher noise à cette peuplade, contente de son sort, et tranquille chez elle. Nous avons vu, plus haut, comment elle a repoussé les attaques de ce despote; et quelle gloire s'est acquise son évêque, son intrépide *Wladika*, qui, s'il fût né militaire, eût été peut-être un autre Scanderberg. Il m'est démontré, par mes observations, que des hommes de cette trempe, de cette intrépidité d'âme, ne manqueraient point, au besoin, dans ce petit coin de terre, qui fut de tout temps la pépinière féconde des hommes les plus extraordinaires de l'antiquité.

Le successeur de Mahomet II au trône de Constantinople, Bajazet, fut encore plus ardent et plus cruel que son père, contre les malheureux Albanais. Il s'avança avec une armée considérable vers l'Epire, dans le dessein d'abattre un parti qui s'était déclaré pour le fils du feu roi; mais qui, n'étant pas secondé, si ce n'est par le pape qui envoya quelques sommes d'argent, fut défait dans une seule campagne, traité avec une barbarie sans exemple, et tellement affaibli, qu'il fut très long-temps sans pouvoir se montrer. L'armée turque n'osa pas néanmoins s'aventurer dans les montagnes ; elle établit des postes nombreux dans les plaines de l'Albanie pour contenir cette portion indépendante d'Epirotes.

Bajazet, chassé du trône par son propre fils, Selim Ier., lui légua en quelque sorte sa haine et ses fureurs. Selim, qui eut partout des succès militaires en Asie, échoua toutes les fois qu'il voulut entamer les gorges du Montenegro. Il préparait une expédition nouvelle contre ce pays, lorsque, saisi par une maladie pestilentielle, il mourut en deux jours, précisément dans le même lieu où, neuf ans auparavant, il avait commis le crime de forcer violemment son père à lui céder la couronne.

Son fils, le grand Soliman, âgé d'environ

vingt-huit ans, lui succéda. Peu de règnes ont été plus glorieux ; son caractère n'avait rien de la férocité de celui de son père. Ses exploits dans l'Asie et dans la Hongrie, sont connus. Il conserva dans ses mains le sceptre d'Albanie ; mais il ne fit aucune tentative contre les montagnards d'Epire ; il témoignait au contraire de l'admiration pour leur constance nationale, et refusa de rien entreprendre contre eux. Quelques indices donnent à croire que ce fut sous le règne de Soliman, que le schisme grec s'introduisit dans le Montenegro, à la suite de quelques démêlés de la république de Venise avec la cour de Rome, dans lesquels quelques familles principales de la montagne se trouvèrent intéressées. On présume aussi que c'est de cette époque que date le nom, ou sobriquet, de *Montagne noire*, *Montenero* ou *Montenegro*, que les Italiens, sujets du pape, donnèrent, par colère ou par mépris, à cette contrée qui s'éloignait du giron de l'Eglise. Cependant comme cette hypothèse n'est appuyée sur aucun document régulièrement authentique, on ne peut la donner que comme une supposition probable.

L'histoire se tait tout à fait sur le sort de l'Epire, pendant les dernières années du règne de Soliman, qui mourut en 1566, ainsi que sous ses successeurs Selim II, Murat, et Mahomet III qui fut enlevé à ses sujets, quelques jours après le fameux siége de Sigeth en Hongrie, par une maladie contagieuse, en l'année 1603. Achmet Ier., qui régna ensuite, et Mustapha après lui, occupés exclusivement de leurs guerres en Hongrie et basse Autriche, gouvernèrent paisiblement l'Albanie, où pendant longues années aucun événement n'eut lieu. Les montagnards de l'Epire semblèrent oubliés de la scène européenne.

Depuis ce temps, le même calme a continué dans cette partie de l'empire turc, excepté sur les côtes de l'Archipel et de l'Ionie, où les chevaliers de Malte se montraient fréquemment, et livraient des combats aux flottes ottomanes; mais sans aucune participation ni intervention des peuplades du continent.

Les empereurs de Constantinople, dont l'attention dans le siècle dernier se portait principalement sur les événemens de la Syrie, puis de l'Egypte, où s'établissait l'indépendance militaire des Mamelucks, confiaient le gouvernement des provinces occidentales de leur empire, en Europe, à des pachas dont rien ne limitait la puissance. C'étaient comme autant de petits souverains, dont l'hommage, envers l'étendard du croissant, se bornait à un tribut annuel plus ou moins considérable en argent; et qui, du reste, se conduisaient à leur gré avec les habitans de leurs pachalics. C'est ainsi que la Servie, la Bosnie, l'Albanie, la Thessalie, la Macédoine, et la Morée, autrefois la Grèce, sont tombées sous la main de ces vampires, toujours avides d'or et de sang; et ont oublié, sous le glaive de ces féroces agens de la Porte, leur antique gloire, leurs arts, leur langue si harmonieuse, et jusqu'à leur nom.

Les seuls Monténégrins, indomptables sur leurs rocs escarpés, n'ont pu être soumis. Ils ont fait sentir avec vigueur au pacha d'Albanie, au fameux Ali de Janina, qu'il perdrait son temps près d'eux. La scène est, dit-on, près de changer. Si les projets de cet heureux rebelle prennent quelque consistance, un nouvel Etat peut s'élever en Europe. La Grèce peut renaître de ses cendres; si, comme on l'assure, ce fier pacha s'est décidé à abjurer la religion de Mahomet; et surtout s'il se confirme que les quatre gouverneurs des pachalics voisins, qui avaient ordre de le soumettre, loin d'obéir aux intentions du grand-seigneur, se sont unis à l'entreprenant Ali, et marchent avec lui sur Constantinople à la tête de quatre-vingt mille combattans : ainsi qu'on en lit la nouvelle récente dans les papiers publics (*Constitutionnel* du 17 *juin* 1820), alors de nouveaux événemens occuperont la scène du monde; alors on pourra voir surgir de ces montagnes des hommes dignes de leurs fameux ancêtres, les Hercules, les Patrocles, les Pyrrhus.

Pour fixer enfin, de la manière la plus précise qu'il nous sera possible, la situation topographique du Montenegro, et la partie que cette contrée occupait sous d'autres noms dans la géographie ancienne, nous ne pouvons mieux recourir qu'à *Strabon*, dont l'autorité est une des plus respectables parmi les savans. Or, il rapporte, ainsi que *Pline*, non moins estimable sous tous les rapports, que cette portion de territoire, voisine de l'Adriatique, était comprise dans la Macédoine, ou ancienne *Æmathie*, province jadis très renommée, à cause de la célébrité de cent peuplades diverses qui l'habitaient, notamment de deux royaumes considérables, et d'un empire qui, sous Alexandre, pouvait être dit universel. Cette région d'*Æmathie*, ou Macédoine, embrassait à l'occident les Epirotes et leurs montagnes (le Montenegro), ayant pour borne, au levant, la Thessalie le long du fleuve Strymon, mémorable par les sept lacs qu'il traverse; au nord, la Péonie; enfin, au sud, tout le reste de la Grèce, les îles, etc.

Au couchant, elle allait jusqu'à Scutari, autrefois *Scodra*, et jusqu'à Lysse, ville considérable du golfe vénitien, la même où mourut Scanderberg, et qui a été depuis brûlée par les Turcs, et ruinée au point, qu'à peine maintenant en trouve-t-on des vestiges, près de Durazzo, sur le même golfe. Le nom de cette dernière (aujourd'hui assez importante) était autrefois *Epidamne*. Non loin de là, se voyait la fameuse ville de *Nimphée*, si recommandable par les détails qu'en donne Strabon, et qui a maintenant disparu tout à fait de la carte. On trouvait aussi, sur le même rivage, la cité d'Acrolisse, outre les colonies romaines de Rizime, d'Ascrivie, de Buduane et d'Olchine, dont il ne reste rien, excepté *Budua*, bien déchue de son ancienne splendeur.

Les invasions réitérées des brigands dévastateurs qui, sous le nom de mahométans, ont successivement ravagé ces belles contrées, en ont même effacé jusqu'aux noms; ainsi que cela est arrivé dans le Péloponèse, qui s'appelle aujourd'hui la *Morée;* pays où brilla jadis Lacédémone, maintenant cachée sous le nom obscur de *Misitra;* sans parler de l'Attique et de la célèbre Athènes, que les ignorans sectateurs de l'alcoran ont transformée en Livadie, dont la triste capitale, nommée *Sétines*, ne rappelle guère le brillant séjour d'Alcibiade et de Périclès.

Quant à la ville de *Lysse* sur l'Adriatique, on en retrouve le souvenir dans la petite île de *Lissa*, sur la côte de Dalmatie, appartenant à l'Autriche, et peuplée d'environ huit cents habitans. On sait que les infortunés ancêtres de ceux-ci, fuyant la barbarie des Turcs qui avaient incendié leur ville, et cherchant à se sauver des mains de ces cruels conquérans, gagnèrent, comme ils purent, cette petite île peu habitée, et lui donnèrent le nom de leur malheureuse patrie. Leurs descendans y vivent encore du produit de leurs troupeaux.

Tout prit donc une forme entièrement nouvelle sous l'empire du croissant, dans cette partie du globe jadis si illustre. La patrie des hommes les plus libres du monde, devint le pays de l'esclavage. Le noble séjour des arts et des sciences est devenu celui de la plus dégoûtante ignorance et de la plus vile superstition. Un seul point inaccessible, un seul coin de terre reculé, conserva le sentiment national de l'indépendance. Ce fut le Montenegro, préservé par ses inexpugnables rochers. Mais s'il a pu se soustraire à la servitude, il n'a pu échapper à la superstition religieuse. Heureusement elle n'y offre rien d'absolument dangereux.

Le dévouement ou la soumission du peuple monténégrin à son évêque, a pour fondement des services actifs, inappréciables, et qui méritent l'estime de tout ami de la liberté. Les femmes de ce pays, il est vrai, croient, comme nous l'avons vu, aux revenans, aux esprits, et surtout au diable. Des moines intrigans pourraient en tirer un grand parti ; mais l'esprit du culte grec admet en général une certaine modération : le régime monacal n'y est pas aussi intolérant, aussi exclusif, que dans les pays d'inquisition, par exemple, où rien ne contre-balance la puissance spirituelle. Il n'y a pas lieu à esprit de corps, totalement ecclésiastique. Les membres principaux de leur clergé sont des pères de famille, mariés à d'honnêtes épouses. Ce sont là des liens qui, loin de les séparer, comme en Italie et ailleurs, des intérêts sociaux, les y attachent au contraire, et en font de vrais citoyens.

D'ailleurs, une autre raison s'oppose aussi fortement encore au goût immodéré des moines pour la domination, le pouvoir et l'argent ; c'est que ce peuple n'est point riche, ne possède véritablement rien en métaux précieux, et que les femmes y sont toutes franchement sages, et attachées à leurs familles. Que feraient là des moines? On a vu dans nos récits précédens, combien il est rare qu'une fille, dans ce pays, manque aux bonnes mœurs, et se livre au désordre; on a vu comment ses compagnes seraient peu disposées à le lui pardonner. Les femmes mariées sont encore plus réservées; elles ont la pudicité de la nature. Chargées de tout l'ouvrage de la communauté conjugale, et les maris ne se mêlant que des soins qu'exige la défense du territoire toujours menacé par ces maudits Turcs, elles n'ont ni le temps, ni la volonté de s'occuper de galanterie : je n'ai pas connu, ni entendu parler d'un seul exemples de faute contre la fidélité mutuelle. Quelle prise pourrait donc avoir un moine dissolu sur un tel sexe? Aucune! Il perdrait son temps et ses avances; il ne s'y exposerait pas.

Les besoins du luxe et l'oisiveté sont les principales causes du désordre des femmes. Ces deux grands mobiles n'existent point dans les cabanes monténégrines. Heureuses dans leur médiocrité, les femmes ne s'y glorifient que du nombre de leurs enfans. Elles rappellent cette Romaine des beaux temps de la république, qui, pour étaler ses joyaux, présentait ses fils. L'absence des grandes villes, dans ce pays où l'on ne trouve que des villages, n'admet pas même la possibilité de la corruption.

Les mêmes raisons expliquent aussi facilement comment l'esprit d'indépendance et d'amour de la patrie se perpétue parmi ce peuple. Admettez-y une cour, des ministres, des grands, etc., vous aurez bientôt tous les vices qui les suivent, toute la bassesse qui les entoure, et tous les désordres corrupteurs qui pervertissent la nature humaine. A moins que le roi, si jamais leur mauvaise étoile leur en amenait un, ne fût un Scanderberg, c'est-à-dire, l'homme le plus vertueux, le plus ferme, le plus éclairé de toute sa nation, et le moins susceptible d'être trompé par les intrigans qui obstruent l'accès des trônes; les Monténégrins, les Epirotes, ou les

Albanais (comme on voudra), subiraient bientôt le sort commun à toutes les nations; sort que le grand-prêtre Samuël avait si énergiquement prédit au peuple de Dieu, aux Hébreux, las de leur bonheur; et qui, dans leur inconstance, forcèrent ce grand-prêtre à leur donner un roi dont les successeurs accomplirent à la lettre les tristes prophéties par lesquelles il avait voulu, mais en vain, les ramener au bon sens.

Il est vrai que, dans ce temps-là, on ne connaissait point de *Charte*, c'est-à-dire, de ces limites judicieuses et sacrées, qu'un monarque sage et bien inspiré donne si volontiers de lui-même à son pouvoir, pour se mettre dans l'heureuse impuissance de faire le mal, et de se livrer, par de funestes conseils, au dangereux plaisir de devenir un despote. C'est ainsi qu'en Angleterre, dans les Pays-Bas, en Espagne, en France, et ailleurs bientôt, peut-être, la respectable alliance des droits du trône et des peuples, parviendra, sans doute, à préserver les Etats civilisés de ces commotions terribles qui renversent les puissances les mieux établies.

Nous ne quitterons point encore les recherches topographiques, sur le pays intéressant que nous décrivons, sans avoir parlé de quelques lieux, jadis fortifiés, qui jouèrent un grand rôle dans l'histoire de l'ancienne Albanie; et qui, dans les circonstances actuelles, peuvent reprendre de l'importance, par la guerre qui s'y prépare: guerre qui influera nécessairement sur le sort des Monténégrins.

Nous avons vu, plus haut, que la ville de Croie, maintenant *Croia*, capitale de l'Epire, et résidence de Scanderberg, sut résister aux attaques d'une armée très considérable d'Ottomans, qui ne purent venir à bout de s'en emparer. Plusieurs cités de ce genre brillaient jadis dans ces mêmes contrées, et pourraient être relevées de leurs cendres.

Petralbe, située à vingt-cinq lieues de Croie; *Stelluse*, distante d'environ trente; et

Petrelle, beaucoup plus petite que les deux autres, mais forte par sa position, forment des points de défense, que la nature et l'art concourent à rendre très importans et très essentiels à remettre en état ; sans doute ils ne seront pas négligés. Il faudrait avoir renversé tous ces obstacles avant d'arriver au Montenegro, si l'Albanie, comme on le croit, s'oppose aux armées turques venant de Constantinople.

Dans l'ancienne Epire, et non loin de ses montagnes, on cite les anciennes villes de *Meandrie*, *Héraclée*, *Leucas*, *Togle*, et *Nicopolis*, rasées même avant l'invasion des musulmans, et qui toutes étaient situées sur des points propres à arrêter les plus fortes réunions de combattans. Sur presque tous les lieux élevés étaient, de toute antiquité, construites des forteresses, d'où les guerriers, tels que des aigles fondant dans la plaine, tombaient à l'improviste sur l'ennemi, et lui barraient le passage. Leur ancienneté date de douze siècles au moins ; c'est ce que leurs constructions attestent. Il est peu de pays qui puissent, mieux que celui-là, être défendus pied à pied. Du côté des Turcs, ces positions couvrent le Montenegro, qui est, en définitif, comme la citadelle inattaquable des possessions albanaises.

Sfétigrade, qui en langue esclavone signifie *cité sainte*, située sur les frontières de l'Albanie, et qui prit ensuite le nom de *Belgrade* (sans être cependant la célèbre ville de ce même nom, capitale de la Servie sur le Danube), était fort importante du temps de Scanderberg ; c'est encore une de celles que la haine de Mahomet II contre les Albanais maltraita le plus, et qui sera l'une des premières relevées, si le fameux Ali a quelque prévoyance, ou si l'empereur des Turcs lui en donne le temps.

CHAPITRE XVI.

Résumé du voyage.

Il convient maintenant que nous jetions un dernier regard impartial et politique sur cette portion si singulière, quoique si petite, du globe terrestre. Elle est du plus petit effet dans la masse générale ; mais elle est bien loin d'être à dédaigner sous bien des rapports. Aussi de combien d'opinions nous avons vu le Montenegro devenir l'objet! A combien de conjectures il a donné lieu, surtout parmi nos militaires, dans le repos des garnisons!

Selon les uns, il s'agissait de se l'attacher par de bonnes dispositions et des intelligences suivies. C'était le plus sage parti.

Selon d'autres, on devait le mépriser. Mais c'était le fruit d'une injuste prévention.

Il fallait, disaient certains, le conquérir

par la force, et par les points les plus voisins de la province de Cattaro. C'eût été là le comble de l'aveuglement peut-être, et de l'impéritie, avec aussi peu de moyens que ceux qui nous étaient donnés dans les provinces illyriennes.

On a vu des hommes exaltés, jusqu'à certain point, proclamer la possibilité d'attaquer, à toute heure, ces monts inexpugnables; se flatter de s'en rendre maîtres avec un seul bataillon, en dédaigner les habitans, et en dénigrer outrageusement le chef... Hélas! trop souvent l'orgueil nous abuse! Tel que l'on croit digne de mépris, est quelquefois bien près de notre admiration!

On a entendu ces excès de jactance approuvés par des hommes irréfléchis, se prévalant d'un rang si souvent dispensé par le hasard, et voulant faire admettre ces rêves comme des vérités démontrées. Il est vrai, le plus souvent, c'était au milieu d'une orgie, et loin du théâtre de ces chimériques exploits.

Un des grands vices, reprochés, souvent à juste titre, à la légèreté française, surtout parmi nos jeunes militaires, c'est cette tendance, trop commune, à décider sans réflexion des points les plus importans, les plus délicats, et les plus difficiles de notre métier. Un ton d'assurance, qu'aucune étude sérieuse ne justifie, en peut imposer un moment aux hommes superficiels; mais combien il faut en rabattre, quand on y regarde de près! C'est surtout à l'occasion du Montenegro que j'ai été à même de faire cette observation. Rien n'était plus facile, d'après beaucoup de nos jeunes gens, que d'entrer dans ce pays, d'en forcer les points de défense et de s'y établir.

Mais quand on a bien vu, bien observé... quel est l'homme sage qui se laisse entraîner à de vaines jactances? Voyons la vérité des choses, et tenons-nous-en là. Ni le brillant des formes, ni le nombre de hochets, ni la magie de la grandeur, non plus que l'appareil de la puissance, ne doivent prévaloir sur la conviction intime. Il faut que le dédain exprime le motif du silence ; ou il faut combattre ouvertement d'aussi folles prétentions. Examinons donc.

On ne peut pénétrer dans le Montenegro que par des défilés d'autant plus dangereux, qu'ils sont presque tous impraticables à d'autres qu'aux indigènes, et qu'ils sont protégés d'une infinité d'embuscades secrètes dans toutes leurs parties.

On ne peut y atteindre qu'en gravissant des chaînes de montagnes qui s'y succèdent par échelons, si multipliés qu'ils couvrent l'intérieur de toute attaque. Après ces premiers obstacles, on se trouve réduit à la douloureuse pensée de n'avoir encore rien fait, puisque arrivés aux défilés, quatre hommes y arrêteraient quatre bataillons, tandis que vingt habitans les écraseraient avec d'énormes roches, toutes disposées à cet effet.

Sans doute, si cent mille Français se mettaient en tête de pénétrer dans ce pays, ils y parviendraient. Nos fastes nous offrent des faits, pour le moins, aussi extraordinaires.

Les Romains y atteignirent avec moins de monde. Mais à quoi bon tant d'efforts? Toute entreprise sans but utile, est un acte de démence qui n'appelle que l'improbation.

Prendre du pays, dévaster des régions entières, s'emparer de provinces, et les accumuler sous sa puissance les unes après les autres, sans but motivé, sans provocation suffisante, sans bien réel pour l'humanité, est l'action d'un fou, pour ne pas dire plus; c'est la démence d'un Alexandre, qui veut conquérir les Indes, la Chine, le monde entier. C'est ce qu'on a eu grande raison de reprocher à Napoléon, qui certes eût mieux fait de rester tranquillement en France, et de réparer nos malheurs, plutôt que d'aller guerroyer en Espagne et en Russie. Or, c'est ce que l'on eût été bien en droit de condamner, si, n'écoutant qu'une folle imprudence, on eût voulu tenter l'inutile conquête des rochers du Montenegro.

Ce pays, de plus, manque d'eau, précisément sur tous les points de la direction praticable, pour les attaques les moins déraisonnables. Nulle part on n'y trouve de logemens, ni d'approvisionnemens pour l'armée la moins nombreuse.

Mais une telle entreprise eût-elle été autre chose qu'une chimère, si l'on eût voulu garder le pays aussi long-temps qu'il aurait été nécessaire à une opération fructueuse? Dans ce cas, il fallait une armée très considérable; car, après y avoir sacrifié beaucoup de monde, on en eût été chassé inévitablement, si l'on n'y eût pas laissé de bonnes troupes.

Rien de plus facile (les Français l'ont prouvé mille fois) que d'enlever une position, et de se répandre ensuite comme un torrent dans un pays effrayé; mais s'y maintenir contre le gré d'un peuple aguerri, contre les efforts d'une population toujours armée, revenant sans cesse à la charge: voilà ce que l'expérience de tous les temps démontre impossible. L'Espagne l'a fait voir de nos jours.

Il est évident qu'en supposant que nos troupes eussent pu franchir les triples barrières du Montenegro, elles s'y seraient détruites et fondues en peu de mois, faute de subsistances et de renforts. Puis enfin, par quel motif, et pour aller où? Dans cette hypothèse, c'est-à-dire, dans celle de la conquête, il fallait y porter des vivres, et, par une conséquence naturelle, y tracer des chemins, y élever des forts pour entretenir les communications. Combien de temps, d'hommes, d'argent, et d'inutiles périls? Et pour quelle fin, pour quel but désirable?

Tandis que les aigles françaises planaient encore sur le golfe de Cattaro, cinq à six époques de notre histoire militaire ont offert l'occasion d'unir la fortune de ce peuple à la nôtre, malgré sa propension vers la Russie, malgré même *les actes publics qui en liaient le chef à cette puissance*. C'était surtout dans le moment où le nom français, parvenu à l'apogée de sa gloire, déterminait, avec le respect de l'Europe, le vœu des peuples. Il ne fallait que tenter une ouverture bien ménagée. C'était un fruit à cueillir dans sa maturité.

En choisissant bien le moment opportun, en offrant à l'évêque de ce pays, des avantages propres à satisfaire son ambition; en convainquant le peuple qu'il y trouverait un gage de plus pour sa liberté, son indépendance et son bonheur, il est possible que dans l'enthousiasme général que nous excitions partout, les Monténégrins nous eussent accueillis, et se fussent même joints à nos armées. Des décorations, des gratifications offertes à temps, quelques présens à l'Eglise grecque, des émolumens et une considération marquée à son chef, joint à un peu plus de respect pour le rite du pays, eussent atteint le but probablement. On a voulu, je crois, essayer; mais quelques hommes, qui ont trop tôt oublié le point d'où ils étaient partis, ont marqué trop de mépris pour ce peuple; quelques uns se sont joué, ou ont souffert trop long-temps qu'on se jouât de ses usages. Etrangers à toutes les convenances, l'adage : *Recte agit, indigenum qui venerat altar,* était pour eux la voix au désert : cependant c'était là le grand secret, pour nous gagner toutes les affections.

Alors tous ces calculs illusoires de nos ennemis, tous ces projets nés d'une orgueilleuse impuissance, seraient tombés d'eux-mêmes. Aussi, combien le souvenir de ces inexpugnables montagnes doit affliger encore les vrais Français ! Combien leur masse énorme doit oppresser douloureusement la pensée, en se représentant cette barrière arrêtant nos phalanges victorieuses !

Le mépris de nos soldats, surtout des troupes italiennes à notre solde, pour les cérémonies du rite grec, eût été seul un obstacle invincible à la bonne harmonie entre les Monténégrins et nous. Des rixes sans cesse renaissantes eussent été le fruit de nos inconséquences. Ce peuple fier et superstitieux n'eût rien souffert sur ce point. Cette observation n'a pas échappé aux hommes bien pensans, ayant quelque influence dans le gouvernement. Cette matière délicate est entrée en ligne de compte dans l'inaction où nous sommes restés vis-à-vis cette nation peu endurante.

S'il est vrai que le Montenegro eût interdit absolument aux armées françaises de s'avancer en Grèce, par la province de Cattaro, il eût pu du moins, dira-t-on, être tourné en entier. Il ne s'agissait que d'un peu plus de temps. Les chemins de Raguse et de la Save n'opposaient aucune grande difficulté.

On pouvait encore, malgré la surveillance des croiseurs anglais, débarquer sous Antivari, une infinité de transports qui n'auraient eu à côtoyer que quatre à cinq lieues, pendant que des colonnes eussent filé par le Pastrovechio, en contenant les Monténégrins à leur gauche. Le seul danger réel était de les avoir pour ennemis, au cas d'une retraite inattendue; mais alors les Esclavons et les Albanais, employés à l'expédition, leur auraient été opposés avec tout l'avantage possible.

Dans l'une et l'autre hypothèse, aucune forteresse à prendre n'offrait d'obstacle; aucune armée bien redoutable ne venait s'opposer à nos desseins; tandisque tant de peuplades n'attendaient que notre présence pour s'affranchir du joug ottoman, et se constituer en liberté.

L'idée de tourner et d'envelopper ainsi de nos armées le Montenegro, au lieu d'y pénétrer à coups de canon (ce qui est trop difficile et trop hasardeux), serait venue probablement à l'esprit des chefs et des directeurs suprêmes de nos mouvemens militaires, si l'on eût eu le projet réel d'attaquer la Russie par ses possessions méridionales. On négligea ce plan sans doute pour ne pas se compromettre avec la Turquie, toujours ombrageuse quand on l'approche. L'imprudence ou la folie (car ce fut l'une ou l'autre) est d'avoir préféré de se porter à Moscou, plutôt qu'à Saint-Pétersbourg. De Smolensko il n'y avait pas plus loin; on y serait arrivé de même. Les coups portés à la nouvelle capitale eussent été bien plus sensibles, bien plus funestes à l'ennemi, que le désastre momentané d'une seule ville, rivale, dont la cour, au fond, voyait sans grande peine l'humiliation : bien sûre de réparer ce mal très promptement. Le voisinage de Cronstadt, le port, la communication avec la mer, la marine russe prise ou bloquée, étaient d'une bien plus grande importance que le séjour insignifiant au Kremlin ; et l'on n'eût point craint à Saint-Pétersbourg le retour de cette armée des frontières turques, qui vint mettre le comble à nos désastres en s'opposant à notre humiliante retraite. Enfin, tout porte à croire que l'irruption par la Grèce, en nous donnant des alliés aussi précieux, eût porté un coup décisif à la colossale puissance, dont le nom était à peine connu il y a cent ans.

Les pachas, énervés au sein d'une mollesse asiatique, n'eussent pensé qu'à enfouir leurs trésors, et à réunir leurs sérails, pour les soustraire à la rapidité de la marche des armées françaises, et pour éviter eux-mêmes d'être faits prisonniers.

Combien de droits n'avions-nous pas à revendiquer ? Tous les antiques priviléges de ces importantes contrées ! Combien de prétentions justifiaient cette heureuse conquête! Notre voisinage de ces riches provinces, le sang de nos enfans, celui des Vénitiens, des Dalmates, fumant encore dans la vallée de *Spina longa*, dans les champs de Lépante et de la Canée, après en avoir défendu les citadelles avec tant de courage; tous ne léguaient-ils pas leurs titres aux généreux vainqueurs d'Arcole, de Fleurus, d'Austerlitz, d'Iéna, de Wagram et des Pyramides?

Mais d'odieuses machinations, des projets discutés dans le cabinet de Saint-James, calculaient dès long-temps les résultats d'une marche aussi étonnante; lorsque malheureusement, pour aller en Russie, l'on dirigea nos armées par le nord de l'Allemagne; tandis que, maîtres du midi de l'Europe, jusqu'au lac de Scutari, nous pouvions, sous mille prétextes, tous également plausibles, porter nos nombreuses légions par nos propres Etats, jusque sur un territoire dont il nous était loisible de nous concilier le maître, et de nous procurer les propres ressources. Nous arrivions alors sans obstacles sur les possessions méridionales de la Russie (si cela était devenu nécessaire.) Aussitôt, et peut-être avant même que cette puissance en eût pu pénétrer le dessein, on se serait trouvé établi chez elle. On eût pu facilement y prendre des quartiers d'hiver, sans avoir à redouter ni la rigueur du froid, ni le manque de subsistances. Un génie malencontreux a entraîné nos armées sur les bords du Niéper et du Volga. Mieux eût valu pénétrer par les provinces du Sud. Avec quelle facilité alors ne se fût-on pas avancé dans la riche Albanie, et enfin dans la Grèce, pour y restituer à la liberté les valeureux enfans d'Athènes et de Sparte, et faire transporter les restes encore précieux des monumens de ce pays dans la patrie adoptive des beaux-arts, afin de ne pas les voir devenir l'ornement des galeries des Hamilton, des lord North, et des musées britanniques!

Le conseil privé de St.-James aurait essuyé une bien douloureuse épreuve, quand, par une telle conquête, nous eussions fermé à son commerce les ports de Patras et de Chiavenza, ainsi que tous ceux du littoral attique; alors nous faisions refluer toutes les ressources de la Turquie d'Asie dans les provinces françaises.

On le demande: comment l'Angleterre eût-elle pu conserver Malte? Que seraient devenus ses immenses dépôts de denrées coloniales, et ceux de toutes les étoffes de ses manufactures, entassées sans l'espérance d'en trafiquer de long-temps? Elle eût été forcée de les voir périr, ou de les colporter à l'aventure dans d'autres contrées.

Mais, dira-t-on, sans être maîtres de la Morée et du littoral grec, il était impossible de conserver les îles Ioniennes; et sans les secours des Esclavons, des Monténégrins et des Albanais, la conquête de la Morée était impraticable (1). On ne le contestera pas;

---

(1) La conversation suivante vient ajouter à ces observations. Je ne la crois pas un hors-d'œuvre. Elle fera plaisir à plus d'un lecteur.

En 1798, *Dimo Stephanopoli*, natif de Maino, sur le golfe de Coron, présenté par l'ordonnateur Villemann à seulement on regrettera que des moyens aussi puissans pour y arriver, aient échappé au génie du gouvernement français.

Ces justes regrets, qu'inspire un sentiment d'amour national, n'empêchent pas de faire la remarque qu'il est possible que d'autres causes, non connues, aient influé sur la détermination du despote de la France, sans même qu'il s'en soit douté. Napoléon, entier dans ses idées, comme tous ses pareils, était, au fond, crédule et susceptible d'être mené, quand on avait l'adresse de lui bien cacher la main directrice. Eh ! quel est le potentat

---

Buonaparte, à son passage à Milan, lui dit : Me serait-il permis, général, de vous faire une observation importante? Serait-il vrai, comme le bruit s'en répand, que vous cédez la Dalmatie à l'empereur d'Allemagne? — Cela vous étonne? — Beaucoup ; pardonnez ma franchise : mes alarmes sont fondées sur mes connaissances locales. Une fois maître de la Dalmatie, l'empereur d'Autriche aura bientôt conquis, s'il en a le dessein, l'Albanie et la Grèce. Sur cette frontière sont *deux nations peu nombreuses*, il est vrai, mais très aguerries, *les Bocchais et les Monténégrins* ; en unissant leurs forces, elles peuvent mettre sur pied trente ou quarante mille hommes qui, dans tous les temps, ont été

que l'on ne trompe pas, même très facilement ? Le ministère anglais avait un tel intérêt à ce que Buonaparte prît la plus mauvaise route, que bien des gens s'accordent à croire qu'il la lui fit habilement suggérer, et que le grand homme donna tête baissée dans le piége. Quelques millions en firent l'affaire, dit-on; or, les Anglais ne regardent point à cela dans l'occasion. Il ne serait peut-être pas impossible de montrer au doigt et à l'oeil quel fut l'ami officieux et bien voulu,

---

la terreur de la Turquie; et jointes aux habitans de l'Albanie, qui, de ce côté, sont presque tous chrétiens, elles recevront les Autrichiens à bras ouverts. Ainsi donc, leur armée se fortifiant à mesure qu'elle avancera, qui empêchera l'Autriche de pousser ses conquêtes jusqu'à Constantinople ? — Non, répondit Buonaparte, avec un peu d'altération, l'Autriche ne passera pas ses limites.

Cependant il voulut par lui-même s'assurer de l'exactitude de ces observations; ils montèrent à un cabinet géographique, examinèrent la position des bouches de Cattaro et celle du Montenegro, et parcoururent les îles Ioniennes et toute la Grèce. Par son silence, Buonaparte sanctionna les réflexions du vieillard *Dimo*, qui ne crut pas devoir les pousser plus avant.

(Voyez le *Voyage en Grèce*, chap. 6.)

qui, d'une main, faisait suivre sur la carte, à Napoléon, le glorieux chemin qui le menait coucher dans le Kremlin, et qui de l'autre main recevait subtilement les monceaux de guinées dont on le voyait se gorger. Mais qu'importe aujourd'hui ? Les Anglais voulaient, et pour cause, nous empêcher d'aller en Asie ; ils y ont très bien réussi. Sans cela, qui sait où ils en seraient aujourd'hui avec leurs possessions des Indes?

En effet, dans l'heureuse supposition que nous établissons, les Français, comme autant d'Alexandres, pouvaient hardiment parcourir le vaste empire de Darius ; et delà, pénétrant jusque dans l'Inde, couper le nouveau *nœud gordien*.... L'infâme secret d'une odieuse politique était enfin révélé ! Un insigne machiavélisme était condamné à l'opprobre, et mis à l'index par toutes les âmes droites.

Alors l'Europe, fière de céder à la France le premier rang, que lui avait si bien assigné un héroïsme transmis, dès long-temps, et sans retour, voyait enfin son état fixé d'une manière irrévocable.

Mais, que dis-je? Tant de fortune rencontra tant d'ennemis! Tant de supériorité réveilla tant *d'envies* !... Le grand peuple avait déjà trop fait pour sa propre gloire! Le crime était irrémissible. Néanmoins si le présent s'indigne, l'avenir, oui, l'avenir rougira de tant d'efforts réunis contre une seule nation.

Aussi la muse de l'histoire se couvre pour cette fois d'un voile lugubre; elle brise sa couronne, elle suspend sa trompette, et fermant son livre d'or, elle dédaigne d'y consacrer d'inutiles lauriers.... « Sèche tes » pleurs, dit-elle à la France, abîmée sous » le poids de ses infortunes. Je respecterai » tes fastes.... Si les *rêves* de la gloire se » dissipent comme une vapeur légère, l'hon» neur n'en est pas moins durable. Sans » cesser d'être grand, tout cède à l'insta» bilité. La destinée est plus forte que la » volonté des hommes, c'est le terme de » toutes les conceptions; c'est la barrière » du génie.

» Console-toi, patrie des grands hommes.
» A l'ombre de la légitimité, tu peux renaître
» au bonheur. Une famille antique et sacrée
» vient reprendre sa place, elle peut reproduire un Henri IV, et retrouver un Sully.

» Console-toi; malgré les conjurations
» d'une vaine rivalité, le mépris des générations futures, servant la vengeance céleste, sera le châtiment des attentats faits
» aux droits de ton peuple. Malgré tant
» de fatales entreprises, ton sol fortuné sera
» long-temps le domaine et le foyer de la
» liberté; c'est une terre indigène aux lauriers; les tiens sont restés toujours verts.
» Non, tu ne fus pas vaincue.... J'en
» appelle à tes rivaux eux-mêmes.

» Oui, l'envie s'abuse dans le douloureux
» sentiment de son impuissance; entraînée
» par les écarts fantastiques du génie du
» mal, elle attribue à sa valeur les résultats de ses manœuvres; elle s'en impose
» par des sophismes assortis à son stupide
» orgueil. Mais une seule de tes victoires
» dérange tous ses calculs; un seul fait dé-

» truit tous ses mensonges; une seule vé-
» rité confond toutes les erreurs, et rien
» n'échappe aux consciences.... Elles rendent
» secrètement hommage à tes exploits qui,
» malgré toutes les haines, s'élançant avec
» la renommée dans l'océan des siècles,
» ornent déjà ton front d'une auréole im-
» périssable, et inscrivent les noms, les ver-
» tus et la gloire de tes nombreux enfans,
» aux pages de l'immortalité! »

FIN DU SECOND ET DERNIER VOLUME.

CHANT NATIONAL DES MONTÉNÉGRINS.

Pastorale. (*Voyez* tome second, pag. 124, etc.)

TABLE ANALITIQUE

DES MATIÈRES

CONTENUES DANS CET OUVRAGE.

TOME PREMIER.

FIN DE LA TABLE DU TOME PREMIER.

TOME SECOND.

FIN DE LA TABLE DES CHAPITRES ET MATIÈRES.

www.ingramcontent.com/pod-product-compliance
Ingram Content Group UK Ltd.
Pitfield, Milton Keynes, MK11 3LW, UK
UKHW012149240726
13966UKWH00001B/224

9 782013 660402